流体力学实验基础理论与应用

主编　李晓燕　杨大恒　李春颖

中国建材工业出版社

图书在版编目（CIP）数据

流体力学实验基础理论与应用 / 李晓燕，杨大恒，
李春颖主编. —北京：中国建材工业出版社，2017.8
ISBN 978-7-5160-1793-7

Ⅰ. ①流…　Ⅱ. ①李…②杨…③李…　Ⅲ. ①流体力
学－实验－高等学校－教材　Ⅳ. ①O35-33

中国版本图书馆 CIP 数据核字（2017）第 048272 号

内 容 简 介

《流体力学实验基础理论与应用》共分 6 章，内容包括实验有关理论性基础知识和流体力学实验。本书特点是将理论性的知识与流体力学实验进行有机结合，根据新技术的发展及应用，增加了流体力学新的实验方法、设备及其理论知识，兼顾了流体力学实验设备、测试方法和实验内容的多样性，将实验内容分为基础实验、综合实验等几个层次，以满足多方面需要。

本书适合于高等院校的建筑环境与能源应用、热能与动力工程、机械、油气储运、燃气工程等理工科专业的师生使用，也可供供暖空调专业的科技人员参考使用。

流体力学实验基础理论与应用

主编　李晓燕　杨大恒　李春颖

出版发行：中国建材工业出版社
地　　址：北京市海淀区三里河路 1 号
邮　　编：100044
经　　销：全国各地新华书店
印　　刷：北京雁林吉兆印刷有限公司
开　　本：787mm×1092mm　1/16
印　　张：10.5
字　　数：260 千字
版　　次：2017 年 8 月第 1 版
印　　次：2017 年 8 月第 1 次
定　　价：30.80 元

本社网址：www.jccbs.com　　微信公众号：zgjcgycbs
本书如出现印装质量问题，由我社市场营销部负责调换。电话：（010）88386906

前　　言

随着高校教学改革的深入，特别是全国本科教学水平评估工作对流体力学实验提出了更高的要求，本书针对建筑环境与能源应用专业，热能与动力工程专业本科的教学与实际需要进行编写。本书可作为两个专业的课程教材，也可作为暖通空调专业的参考教材和技术人员的培训教材，同时还可作为机械、油气储运、燃气工程等工程类本科专业学生学习的参考书。

本书主要内容涵盖了实验有关理论性基础知识和流体力学实验两方面内容。在充分考虑相关专业教学要求和实际需求的基础上，重点阐述了实验理论基础、步骤等内容，并提供相关数据处理理论和方法，并列举了例题和思考题供广大师生参考。同时根据新技术的发展和应用，增加了新的测试方法和设备，并兼顾了相关实验设备、测试方法和实验内容的多样性，以满足不同层次的需要。

本书在明晰理论的同时，注重对学生动手能力的培养。根据相关专业的教学规律，本书的相关内容分为基础理论、基础实验和综合实验等几个层次，将实验基础理论、流体力学基础理论和实验内容相结合，因此具有较强的适用性。编写过程中贯彻理论联系实际、学以致用的原则，力求教材内容符合学生的认识规律，便于学生独立学习和操作。

本书由李晓燕、杨大恒、李春颖主编。本书编写过程中，得到了杨柳、毕玉、黄荣鹏、王雪雷、李义奇的大力帮助，并参阅引用了大量的文献资料，特向有关作者致谢！由于时间仓促，水平有限，书中的缺点和错误之处，恳请读者批评指正。

编者

2017.2

目　　录

目　录

第一章 测量误差的基础理论

测量是为确定被测对象的量值而进行的实验过程。但在测量中，人们通过实验的方法来求被测量的真值时，由于对客观规律认识的局限性、测量仪器不准确、测量手段不完善、测量条件发生变化以及在测量工作中的疏忽或错误等原因，都会造成测量结果与真值不相等，这个差值就是测量误差。为了使测量结果更真实地反映测量对象，应该掌握误差产生的规律，在一定的条件下尽量减小误差。本章主要介绍测量误差的基本概念、规律和处理方法。

第一节 测 量

一、测量的概念

测量是按照某种规律，用数据来描述观察到的现象，即对事物作出量化描述。测量是对非量化实物的量化过程。在机械工程里面，测量指将被测量与具有计量单位的标准量在数值上进行比较，从而确定二者比值的实验认识过程。

$$L = \frac{x}{b} \tag{1-1}$$

式中 x——被测量；

　　b——标准量；

　　L——得到的测量结果。

二、测量的分类

（一）按所测得的量（参数）是否为欲测量分类

1. 直接测量：从测量器具的读数装置上得到欲测量的数值或相对标准值的偏差。例如，用游标卡尺测量外圆直径等。

2. 间接测量：先测出与欲测量有一定函数关系的相关量，然后按相应的函数关系式求得欲测量的测量结果。

（二）按测量结果的读数值不同分类

1. 绝对测量：从测量器具上直接得到被测参数的整个量值（用一个数和一个合适的计量单位表示的量）的测量，例如用游标卡尺测量零件轴的直径值。

2. 相对测量：将被测量和与其量值只有微小差别的同种已知量（一般为测量标准量）相比较，得到被测量与已知量的相对偏差。例如将比较仪用量块调零后测量轴的直径，比较仪的示值就是轴径与量块的量值之差。

（三）按被测件表面与测量器具测头是否有机械接触分类

1. 接触测量：对测量器具的测头与零件被测表面接触后有机械作用力的测量。如用外径千分尺及游标卡尺等测量零件。为了保证接触的可靠性，测量力是必要的，但它可能使测量器具及被测件发生变形而产生测量误差，还可能造成零件被测表面质量的损坏。

2. 非接触测量：测量器具感应元件与被测零件表面不直接接触，因而不存在测量力的问题。属于非接触测量的仪器主要是利用光、气、电和磁等作为感应元件与被测件表面联系。如干涉显微镜等。

（四）按测量在工艺过程中所起作用分类

1. 主动测量：在加工过程中进行的测量。其测量结果直接控制零件加工过程，决定是否继续加工或判断工艺过程是否正常，是否需要进行调整，故能及时防止废品产生，所以又称为积极测量。

2. 被动测量：加工完成后进行的测量。其结果仅用于发现并剔除废品，所以被动测量又称为消极测量。

（五）按零件上同时被测参数的多少分类

1. 单项测量：单独且彼此没有联系地测量零件的单项参数。如分别测量齿轮的齿厚、齿形和齿距等。这种方法一般用于量规的检定、工序间的测量，或为了工艺分析、调整机床等目的。

2. 综合测量：检测零件几个相关参数的综合效应或综合参数，从而综合判断零件的合格性。例如齿轮运动误差的综合测量，用螺纹量规检验螺纹的作用中径等。综合测量一般用于终结检验，其测量效率高，能有效保证互换性，在大批量生产中应用广泛。

（六）按被测工件在测量时所处状态分类

1. 静态测量：测量时被测件表面与测量器具测头处于静止状态。例如用外径千分尺测量轴径，用齿距仪测量齿轮齿距等。

2. 动态测量：测量时被测零件表面与测量器具测头处于相对运动状态，或测量过程是模拟零件在工作或被加工时的运动状态。它能反映生产过程中被测参数的变化过程。例如用激光比长仪测量精密线纹尺，用电动轮廓仪测量表面粗糙度等。

（七）按测量中测量因素是否变化分类

1. 等精度测量：在测量过程中，决定测量精度的全部因素或条件不变。例如，由同一个人，用同一台仪器，在同样的环境中，以同样方法，同样仔细地测量同一个量。在一般情况下，为了简化测量结果的处理，大都采用等精度测量。实际上，绝对的等精度测量是做不到的。

2. 不等精度测量：在测量过程中，决定测量精度的全部因素或条件可能完全改变或部分改变。由于不等精度测量的数据处理比较麻烦，因此一般用于重要的科研实验中的高精度测量。

被测量的值与测量单位有关，而完整的测量过程应包含被测量、测量单位、测量方法（含测量器具）和测量精度四个要素。其中各要素说明如下：

（1）被测量。认真分析被测对象的特性，研究被测对象的含义十分重要，它是制定测量方法的关键依据。

（2）测量单位简称单位，是以定量表示同种量的量值而约定采用的特定量。国家标准规定采用以国际单位制（SI）为基础的"法定计量单位制"。测量过程中，测量单位必须以物质形式来体现，能体现计量单位和标准量的物质形式还有光波波长和精密量块等。

（3）测量方法，是指在实施测量过程中对测量原理的运用及实际操作。广义地说，测量方法可以理解为测量原理、测量器具（计量器具）和测量条件（环境和操作者）的总和。

（4）测量精度，是指测量结果与真值的一致程度。不考虑测量精度而得到的测量结果是没有任何意义的。真值的定义为：当某个量能被完善地确定并能排除所有测量上的缺陷时，通过测量所得到的量值。由于测量受到许多因素的影响，其过程总是不完善的，即任何测量都不可能没有误差。对于每一个测量值都应给出相应的测量误差范围，以说明其可信程度。

实践证明，无论选用哪种测量方法，采用何种测量仪器，其测量结果总会有误差。即使在进行高准确度的测量时，也会经常发现同一被测对象的这一次测量和那一次测量的结果不完全相同，用这一台仪器和用那一台仪器测得的结果不完全相同，在这个环境和那个环境测得的结果不完全相同；甚至同一个测量人员，在相同的环境中，用同一台仪器进行的两次测量，其结果也不完全相同。这些现象说明，每一次测量都存在误差，且这些误差又不一定相等，导致被测对象只有一个，而测得的结果却往往不同。当测量方法先进、测量仪器准确时，测得的结果会更接近被测对象的实际状态，此时测量的误差小、准确度高。但是，任何先进的测量方法，任何准确的测量仪器，均不可能使测量误差等于零。也就是说，任何测量必然会产生误差，不含误差的测量结果是不存在的。测量实践证实了如下误差公理：测量结果都具有误差，误差自始至终存在于一切科学实验和测量的过程之中，误差具有普遍性和必然性。

三、测量误差

1. 测量结果（result of a measurement）

定义：由测量所得的赋予被测量的值。

当给出测量结果时，应表明它所指的是：示值；未修正结果；已修正结果及几个值的均值。且在完整的测量结果说明中应包括测量不确定度。不同方式表示的测量结果，其不确定度各异，因而需进一步了解其有关定义。

2. （测量器具的）示值 [indication（ of a measuring instrument ）]

定义：由测量器具所提供的量值。

示值可由显示器直接读出其值，称为直接示值，也可乘以仪器常数给出示值。示值可以是被测量值，也可以是测量信号（与被测量有函数关系的量），或用于计算被测量值的其他量的量值。对于实物量具，其标出值即为示值。该标出值有时是标称值，有时是其标称值加修正值。

示值是表示测量结果的一种方式。从数据处理角度看，示值只是一个数据。无论是直接测量还是间接测量的测量结果，用示值表示都意味着只用了被测量的一个数据，或与被测量有函数关系的其他量的各一个数据。显然，以示值表示的测量结果，其不确定度是一次测量条件下的，而未予以平均减小。否则，应说明是多次重复测量下几个示值的平均测量结果，这时其不确定度就会因取平均值而相应地减小了，提高了测量结果的准确度。

3. 未修正结果（uncorrected result）

定义：系统误差修正以前的测量结果。

4. 已修正结果（corrected result）

定义：系统误差修正以后的测量结果。

5. 修正值（correction）

定义：为补偿系统误差而与未修正测量结果代数相加的值。

修正值等于负的系统误差。所有系统误差不可能完全都已知，也不可能准确地计算出其真实值。因此，这种补偿总是不完全的。

6. 修正因子（correction factor）

定义：为补偿系统误差而对未修正测量结果进行相乘处理的数值因子。

同理，由于所有系统误差既不可能完全都已知，又不可能准确地计算出其应补偿因子的真实值，因此，这种补偿也是不完全的。

以上 6 个术语都直接涉及测量结果的值，且与系统误差有关。

四、测量误差的定义

在测量中，人们总是力求得到被测量的真实值（真值）。但是，只有极少数简单的情况下，测量才能做到准确无误。例如，对一个小组的人数或对几个电脉冲计数等。几乎在任何情况下，由于测量方法和仪器设备不尽完善，以及各种环境因素和人为因素的影响，测量和实验所得的数值与真值之间总会存在一定的差异。测量误差是测量结果与被测量真值之间的差异。测量误差一般表示为：误差＝测得值－真值。

必须指出，真值是指研究某量时在所处条件下完善地确定的量值。这个量的真值是一个理想的概念，一般不可能准确知道。由于真值的不确定性，真值又可分为理论真值、约定真值及相对真值等。其中的理论真值是指根据理论定理所定义的规定数值，例如四边形的内角和为 $360°$。而工厂、学校和科研机构，通常从高一级的计量机构获得向下传递的量值，把传递得到的量值替代真值，称为约定真值。一般地，约定真值是非常接近真值的，对于给定的目的而言，其误差可以忽略不计。相对真值是指在满足规定精度要求的条件下，用来代替真值的量值，例如仪器的校准一般采用保准仪器测量值进行比对，一般来说，我们将相对真值称为参考值。

（一）按表示形式分类的绝对误差和相对误差

为了更好地描述绝对误差和相对误差的区别，我们先给出绝对误差的定义

1. 绝对误差（absolute error）

$$\Delta x = x - x_0 \tag{1-2}$$

式中　Δx——绝对误差；

　　　x——测定值；

　　　x_0——真值（约定真值）。

绝对误差是一个具有确定的大小、符号及单位的量值。单位给出了被测量的量纲，其单位与测得值相同。绝对误差可正可负，表示测得值偏离真值的程度。在被测量相同的情况下，绝对误差的大小能够反映被测量的准确度；但在被测量不同的情况下，绝对误差难以确切地表示测量的准确程度。一般来讲，真值仅是一个理想的概念，在很多情况下绝对误差只有理论意义的价值。

2. 相对误差（relative error）

例如：在测 1m 长的工件与测 10mm 长的工件时，即使两者的绝对误差同是 $1\mu m$，也不能以为两者的测量精度是一样的。因此，在比较两个数量级的测量精度时，还需要用到相对误差的概念。它是指绝对误差与真值之比，或近似用绝对误差与实际被测值之比代替。记为：

$$绝对误差 / 真值 \approx 1 - （真值 / 实际被测值） \tag{1-3}$$

前面提到的长度为 1m 与 10mm 的工件，绝对误差同是 $1\mu m$，而它们的相对误差分别是 10^{-6} 与 10^{-4}。显然，前者的测量，其相对精度更高。也就是说相对误差 r 可以记为绝对误差

Δx 与被测量真值 x_0 的比值

$$r = \frac{\Delta x}{x_0} \qquad (1\text{-}4)$$

式中 r——相对误差；

Δx——绝对误差；

x_0——真值（约定真值）。

绝对误差适于同一量级的同种量的测量结果的误差比较，也就是说，对于相同的被测量，绝对误差可以评定其测量精度的高低，但对于不同的被测量以及不同的物理量，绝对误差就难以评定其测量精度的高低。

[例 1-1] 已知洲际导弹的射程为 15000km，最大偏移为 300m，绝对误差为 300m；而一位优秀的射手在射程为 100m 的情况下，最大偏移为在 ϕ2cm 的靶心内，绝对误差为 1cm，试评述哪一个射击精度高？

解：从绝对误差值来说，300 m 远远大于 1cm。但是由于射程不一样，故不能说优秀射手的射击精度高。此时用绝对误差就难以评定两种方法射击精度的高低，必须采用相对误差来评定。

由于绝对误差与被测量的真值之比值称为相对误差，而绝对误差可能为正值或负值，因此相对误差也可能为正值或负值。相对误差具有确定的大小，但无计量单位，通常以百分数表示。

洲际导弹和优秀射手射击的相对误差分别为

$$r_{洲际导弹} = \frac{300}{15000 \times 10^3} \times 100\% = 0.002\%$$

$$r_{优秀射手} = \frac{1}{100 \times 10^2} \times 100\% = 0.01\%$$

由于 $r_{洲际导弹} < r_{优秀射手}$，显然洲际导弹比优秀射手的射击精度高。

[例 1-2] 某矿样中的铜、锌含量分别为 3.00%，30.00%，测定结果分别为 3.03，30.03，分别求出测定结果的绝对误差和相对误差。

解：

	x	x_0	Δx	r		x	x_0	Δx	r
Cu	3.03	3.00	0.03	1%	Zn	30.03	30.00	0.03	0.1%

在这个例子中，Cu 和 Zn 的绝对误差 Δx 是相同的，但是相对误差却差距较大，因为相对误差也是测量单位所产生的误差。

100.0m 材料的测量结果为 100.1m，相对误差 $r=(100.1-100.0)/100.0=0.001$，即每测量 1m 的长度产生 0.001m 的误差。从上可知，相对误差比绝对误差在不同的测定中，更具有可比性，这使得相对误差更具有实际意义。由于在上例中 Zn 的测量相对误差为 0.1%，要小于 Cu 的测量相对误差，因此 Zn 的测量准确度比 Cu 的测量准确度高。真值由于难测量，用多次测定结果的算术平均值作为最后的测定结果。列算式如下（变量释义如上）：

$$\Delta x = \bar{x} - x_0$$

$$r = \frac{\Delta x}{x_0} \times 100\% = \frac{\bar{x} - x_0}{x_0} \times 100\%$$

式中 $\overline{x}$——算术平均值。

若 n 次测定结果依次为 x_1，x_2，$\cdots$，x_i，$\cdots$，x_n，所以

$$\overline{x} = \frac{1}{n}(x_1 + x_2 + \cdots + x_i + \cdots + x_n) = \frac{1}{n}\sum_{i=1}^{n} x_i = \frac{1}{n}\sum x_i$$

因为平均值是多次测定的结果，所以可以认为偶然误差基本消除，平均值与真值之差主要来自系统误差，也就是如果把多次测定的平均值作为最终测定结果的话，那么，准确度就主要取决于测定中所用系统的系统误差。

[例 1-3] 某机械加工车间加工一批直径为 50mm 的轴，抽检两根轴的直径，测量结果分别为 49.9 mm 和 49.8 mm，则两根轴的绝对误差是多少？

解：

$$\Delta x_1 = 49.9 - 50 = -0.1\text{mm}$$
$$\Delta x_2 = 49.8 - 50 = -0.2\text{mm}$$

显然第一根轴的绝对误差比第二根轴的绝对误差小，也就是说第一根轴的加工准确度高。

在实际工作中，经常使用修正值。为消除系统误差，用代数法加到测量结果上的值称为修正值。将测得值加上修正值后可得近似的真值，即

$$真值 = 测得值 + 修正值$$

由此得

$$修正值 = 真值 - 测得值 = 绝对误差$$

[例 1-4] 假定一个物体的真实长度为 99.5mm，而测得值为 100.0mm，则测量误差为 0.5mm。另一物体的真实长度为 9.5mm，测得值为 10.0mm，测量误差也为 0.5mm。试问哪个物体的测量较为准确呢？

解： 第一个物体测量的相对误差为：

$$r_1 = (100 - 99.5) \times 100\% / 99.5 = 0.5\%$$

第二个物体测量的相对误差为：

$$r_2 = (10.0 - 9.5) \times 100\% / 9.5 \approx 5\%$$

显然，第一个物体测量的相对误差要小，即测量准确度高。

[例 1-5] 某 1.0 级电流表，满度值为 $100\mu A$，求测量值分别为 $100\mu A$，$80\mu A$ 和 $20\mu A$ 时可能出现的最大绝对误差和相对误差。

解： 根据题意得 $x_1 = 100\mu A$，$x_2 = 80\mu A$，$x_3 = 20\mu A$，（$x_1 \sim x_3$）对应了三次测量值，且考虑到绝对误差不随测量值而变，均为

$$\Delta x_1 = \Delta x_2 = \Delta x_3 = \pm 100 \times 1.0\% = \pm 1\mu A$$

则最大相对误差分别为

$$r_{x_1} = \frac{\Delta x_1}{x_1} \times 100\% = \pm \frac{1}{100} \times 100\% = \pm 1\%$$

$$r_{x_2} = \frac{\Delta x_2}{x_2} \times 100\% = \pm \frac{1}{80} \times 100\% = \pm 1.25\%$$

$$r_{x_3} = \frac{\Delta x_3}{x_3} \times 100\% = \pm \frac{1}{20} \times 100\% = \pm 5\%$$

结果显示：测量值越小，示值相对误差越大。

3. 引用误差（quoted error）

绝对误差和相对误差通常用于单值点测量误差的表示，而对于具有连续刻度和多档量程的测量仪器的误差则用引用误差表示。所谓引用误差指的是一种简化和实用方便的仪器仪表示值的相对误差，它是以仪器仪表某一刻度点的示值误差为分子，以测量范围上限值或全量程为分母所得的比值，该比值称为引用误差γ_m，即

引用误差 ＝ 最大绝对误差／测量范围上限（或量程）

即

$$\gamma_m = \frac{\Delta x}{A_m} \tag{1-5}$$

式中　Δx——绝对误差；

　　　A_m——仪表量程（最大读数）；

　　　γ_m——引用误差。

由式（1-5）可以看出，引用误差实际上就是仪表在最大读数时的相对误差，即测量范围上限相对误差。因为绝对误差Δx基本不变，仪表量程A_m也不变，故引用误差γ_m可用来表示一只仪表的准确程度。

[例1-6] 检定一只2.5级、量程上限为100V的电压表，发现在50V处误差最大，其值为2V，而其他刻度处的误差均小于2V，已知2.5V电压表的引用误差为2.5％，问这只电压表是否合格？

解：首先求得电压表的引用误差为

$$\gamma_m = \left(\frac{2}{100}\right) \times 100\% = 2\%$$

2.5级电压表的引用误差为2.5％，由于2％＜2.5％，所以该电压表合格。

4. 示值误差（error of indication）

示值误差是对真值而言的，由于真值是不能确定的，所以实际上使用的是约定真值或实际值。为确定测量仪器的示值误差，当其接受高等级的测量标准器检定或校准时，标准器所复现的量值即为约定真值，通常称为实际值或标准值，即满足规定准确度的、用来代替真值使用的量值。示值误差往往用δ表示。

量具的示值误差为量具的标称值与其真值之差。例如：量块的真值，为其中心长度的实际值；玻璃量具的真值，为其标尺标记以下的实际容积；标准电阻的真值，为该电阻在标准工作条件下的实际电阻。以上所谓的真值，均只能用约定真值代替，即对于给定目的而言，被认为是充分接近真值（其不确定度可忽略不计的量值）、可用于代替真值的量值。

[例1-7] 若量块的标称值为20mm，其中心长度的约定真值为19.9945mm，则其示值误差是多少？

解：其示值误差为：

$$20 - 19.9945 = 0.0055mm$$

[例1-8] 若实际长度为20.545mm的四等量块，用千分尺测得其值（千分尺的示值）为20.555mm，则该千分尺在这个测量值上的示值误差（千分尺不同量值处往往有不同的示值误差）是多少？

解：千分尺在这个测量值上的示值误差为：

$$20.555-20.545=0.010\text{mm}$$

[**例 1-9**] 一块 0.5 级测量范围为 0~150V 的电压表，经更高等级标准电压表校准，在示值为 100.0V 时，测得实际电压（相对真值）为 99.4V，问该电压表是否合格？

解：示值为 100.0V 时的绝对误差为：

$$\Delta x=100.0-99.4=0.6\text{V}$$

则引用误差为：

$$\gamma_m=\frac{0.6}{150}\times100\%=0.4\%$$

0.5 级电压表允许的引用误差为 0.5%，因为 0.4%<0.5%，所以电压表合格。测量时，仪表选定后，已知准确度等级为 S，量程为 x_m，则测量点 x 邻近处，示值误差 δ 为：

$$\delta\leqslant x_m S\%$$

其相对误差 r_x 为：

$$|r_x|\leqslant\frac{x_m}{x}S\%$$

由上式知，量程和测量值相差越小，测量精度越高，这就是为什么利用电工类仪表进行测量时，尽可能使示值接近仪表的满刻度值或邻近 2/3 量程以上时进行测量的原因所在。考虑到仪表的安全性，常使示值 x 满足下式：

$$\frac{2}{3}x_m\ll x\ll 0.95x_m$$

一般而言，测量同一量时，精度等级高的仪表其测量精度比低等级的仪表高。但如果量程选择不当，结论不一定成立。

（二）按性质不同分类有系统误差、偶然误差和粗大误差

1. 系统误差（system error）

系统误差是指可预测的测量结果之间的差异。如不同的厂家生产的冰箱的制冷温度不同，不同人的体重存在差异等。对于测量系统而言，系统误差是指不同测量仪器之间、不同测定人员、不同样品所产生的误差。它包括抽样误差、测量仪器误差、测量人员误差。

2. 偶然误差（random error）

偶然误差是指不可预测的测量结果之间的差异。它包括重复性误差和其他无法指明原因的误差。重复性误差是指同一测量仪器、同一测量人员重复测量样品所产生的误差。其又称为偶然误差。

$$偶然误差＝误差－系统误差$$

在同一条件下对同一被测量重复测量时，各次测量结果服从某种统计分布，对这种误差的处理可依据概率统计方法进行。

偶然误差的产生原因：对测量值影响微小但却互不相关的大量因素共同造成。这些因素主要是噪声干扰、电磁场微变、空气扰动、大地微震、测量人员感官的无规律变化等。

系统误差和偶然误差的分类如表 1-1 所示：

表 1-1 系统误差和偶然误差的分类

系统误差	偶然误差
抽样误差 测量仪器误差 测量人员误差	重复测量误差 其他无法指明原因的误差

3. 粗大误差（mistake error）

粗大误差又称疏失误差，是指测量过程中由于测量者的粗心大意而导致操作、读数、记录和计算等方面的错误，使测量结果明显偏离正常值造成的误差。一般新手容易产生这种误差，但若采取适当措施，这种误差是完全可以避免的。例如，通过细心检查、认真操作、重复测量、多人合作等都可以避免粗大误差的产生。

上面虽将误差分为三类，但必须注意各类误差之间在一定条件下可以相互转化。对某项具体误差，在此条件下为系统误差，而在另一条件下可为偶然误差；反之亦然。例如，度盘某一分度线具有一个恒定系统误差，但所有分度线的误差大小不一样，且有正有负，对整个度盘的分度线的误差来说具有随机化性质。如果用度盘的固定位置测角，则误差恒定；如果用度盘的各个不同位置测量该角，则误差时大时小，时正时负，随机化了。因而，测量平均值的误差能够变小，这种办法常被称为随机化技术。

五、测量结果的表达方法

任何一种测量总存在一定的误差，所以一个完整的测量结果必须包括测量数据和误差（绝对误差或相对误差）两部分。

（一）测量数据

在记录和处理实验数据时还应注意如下几点：

1. 作为一个测量数据，在数据末尾的零是有效数字。在测量高电压、大电阻时，应根据所用仪表的量程将测量数据写为 10 的乘幂形式。如用万用表 R×1000 档测量电阻，可读有效数为 18.5，则应写成 $18.5 \times 10^3 \Omega$，而不能写为 18500Ω，因为两者表示的测量精确度大不相同。

2. 测量数据前面几位零不是有效数字。例如用毫安表测得一电流为 23.5mA，它既可写成 23.5×10^{-3} A，又可写成 0.0235A，这时由于个位和小数点后第一位两个零不能算作有效数字，所以仍是三位有效数字的测量数据。

（二）误差

1. 采用直接测量方式时，测量误差的最大数值是由所用测量仪器的基本误差或准确度等级决定的。仪器的基本误差的表达式为：

$$K = \frac{\Delta x_{\max}}{A_{\mathrm{m}}} \times 100\% \tag{1-6}$$

式中 $\Delta x_{\max}$——最大绝对误差；

A_{m}——仪表量程（满度值）；

K——基本误差。

如基本误差为 0.5%，则又可称该仪表的准确度为 0.5 级，若基本误差为 2%，则准确度应为 2.0 级。如果仪器的基本误差或准确度等级以及测量读数 A_x 已知，则该测量数据的

最大绝对误差为:

$$\Delta x_{max} = K \times A_m$$

而最大相对误差由相对误差公式而得:

$$\frac{K \times A_m}{A_x} \times 100\%$$

若用量程为 3V 的一级表测得一电压读数为 2.85V,则用上述公式可以算出测量的最大绝对误差为:

$$\Delta x_{max} = 1\% \times 3 = 0.03V,$$

最大相对误差为:

$$\frac{1\% \times 3}{2.85} \times 100\% \approx 1\%$$

测量数据完整地表示应为:$2.85 \pm 0.03V$ 或 $2.85 \pm 3\%V$。如用同样的电表测得一电压读数为 1.10V,则通过上式可算得该测量数据应表示为:

$$\Delta x_{max} = 1\% \times 3 = 0.03V$$

而最大相对误差为:

$$\frac{1\% \times 3}{1.10} \times 100\% = 2.7\%$$

则该测量数据应表示为:

$$1.10V \pm 0.03V$$

$$或\ 1.10V \pm 2.7\%V$$

通过以上两例的计算可以看出,同样准确度等级的仪表在测量不同大小的被测量时,测量结果的准确度是不同的,被测量越接近满度值,则测量结果越准确。由此我们还可得到另一个有用的认识,若用准确度等级不同、量程不同的二个电表测量同一被测量,如甲表 1.0 级、量程 3V,乙表 0.5 级、量程 10V,测量同一被测电压,若读数都为 2.50V,则两次测量的相对误差分别为:

$$甲表\quad \frac{1\% \times 3}{2.5} \times 100\% \approx 1\%$$

$$乙表\quad \frac{0.5\% \times 10}{2.50} \times 100\% = 2\%$$

计算结果表明,虽然乙表准确度高,但由于量程关系,测量结果的准确度反而不及准确度低但量程合适的甲表。

2. 采用间接测量方式时,它的误差是直接测量的误差通过下列计算而得。

若测量数据 A、B 的绝对误差 Δx_A 和 Δx_B,而 C 为 A 和 B 的和或差,则有:

$$C \pm \Delta x_c = (A \pm \Delta x_A) \pm (B \pm \Delta x_B)$$

由于绝对误差 Δx_A 和 Δx_B 可正可负,所以应从最不利的情况考虑,当两个量相加时,误差可能均取同号,而相减时误差可能取异号。故规定绝对误差为 $\Delta x_C = \Delta x_A + \Delta x_B$。

若 C 为 A 和 B 之积,则有:

$$C \pm \Delta x_C = (A \pm \Delta x_A)(B \pm \Delta x_B) = AB \pm A\Delta x_B \pm B\Delta x_A \pm \Delta x_A \Delta x_B,$$

其中 $\Delta x_A \Delta x_B$ 与 $A \Delta x_B$ 和 $B \Delta x_A$ 相比可以忽略不计，则计算结果的绝对误差为：

$$\Delta x_C = A \Delta x_B + B \Delta x_A$$

若 C 为 A/B，则绝对误差为：

$$\Delta x_c = \frac{1}{B^2}(B \Delta x_A + A \Delta x_B)$$

第二节　测量精度及有效数据运算规则

一、测量精度及准确度分析

误差反映了测量结果与真值的差异，差异小，俗称精度高，差异大则精度低。按误差的种类，可将精度细分为如下几种：

1. 正确度（correctness）：表示测量结果中系统误差大小的程度。

2. 精密度（Precision）：表示测量结果中偶然误差大小的程度。

3. 准确度（Accuracy）：是测量结果中系统误差与偶然误差的综合，表示测量结果与真值的一致程度。

正确度、精密度和准确度三者的含义，可用图 1-1 所示打靶的情况来比喻。图 1-1（a）表示精密度很高，即偶然误差小，但是不正确，所有击中点均同样偏离靶心较远，也就是说有较大的系统误差，正确度低；图 1-1（b）表示精密度不如图 1-1（a），击中点较分散，但正确度较图 1-1（a）高，即系统误差较图 1-1（a）要小；图 1-1（c）表示精密度和正确度都高，偶然误差和系统误差均较小，即准确度高。

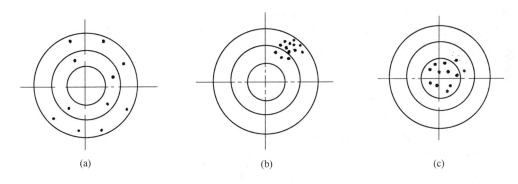

（a）　　　　　　　　　（b）　　　　　　　　　（c）

图 1-1　关于精度概念的解释

4. 不确定度（Uncertainty）：是测量结果中不确定系统误差与偶然误差的综合，表示测量结果偏离真值的不确定程度的大小。

如前所述，将误差按确定的程度分为两类。一类如确定系统误差，其大小和符号完全确定，因而可以设法修正；又如个别粗大误差经判定后，也可以剔除。另一类如各种不确定的系统误差和偶然误差，它们既不能剔除又不能修正，因为其大小和符号不能或不完全确定。正是由于后一类误差的客观存在，才使测量结果偏离真值，其偏离有一个不可确定的量值范围。测量不确定度是测量结果中无法修正的部分，因而它是评定一个测量的极其重要的质量指标。不确定度大，则该测量结果的使用价值低；不确定度小，则其使用价值高。

在计量工作中，为评价测量装置的精度，还常用到如下三个名词：

1. 重复性（Repeatability）：在相同条件下（相同测量方法、相同操作人员、相同测量器具、相同地点和相同使用条件等），在短时期内对同一个量进行多次测量所得结果之间的一致程度。

2. 复（再）现性（Reproducibility）：在条件变化下（如不同测量方法、不同操作人员、不同测量器具、不同地点、不同使用条件和不同时间等），对同一个量进行多次测量所得结果的一致程度。在测量结果的说明中，应注明变化的条件。

3. 稳定性（度）（Stability）：计量器具的量值随时间变化保持不变的程度。

二、有效数字分析

（一）有效数字

在实际的测量和计算中，应对直接测量数值取几位数字呢？如果按函数关系计算，对间接测量值要保留几位数字？这是数据处理中的一个重要问题。为此，针对测量结果的数值修约、有效数字位数确定和数值运算等实际应用中的若干问题进行探讨，明确一些模糊不清和似是而非的概念，对提高实验质量有很大的帮助。

在实际工作中，经常要对某些量进行测量，并对所测得的数据进行计算，为了合理地取值和正确运算，在数据处理时会采取保留几位有效数字的做法。有效数字就是指工作中实际能够测量到的数字，包括最后一位估计的不确定的数字。例如：我们用最小刻度为毫米的米尺来测量物体的长度，可以看出在 $2.1 \sim 2.2$cm 之间。虽然米尺上没有小于毫米的刻度，但可以凭眼力估计到 1/10mm（最小刻度的 1/10），因而可以读出物体的长度为 2.12cm，2.13cm 或 2.14cm。前两位数是从尺上直接读出的准确数字，把测量中直接读出的准确数字叫做可靠数字，而第三位数字是观测者估读出来的，这是欠准确、含有误差的数字。常把估读的数字称为存疑数字，由于第三位是可疑的，所以继续估读下去没有必要和意义。一般对一个数据取其可靠位数的数字加上第一位可疑数字，这就被称为这个数据的有效数字，也就是说，测量结果中能够反映被测量值大小的几位可靠数字加上一位存疑数字的全部数字，就被叫做测量结果的有效数字。有效数字的最后一位虽是可疑的，但一定程度上反映了客观实际，因此也是有效的。

（二）有效数字中特别要注意"0"的情况

第一个非零数字开始的所有数字，包括"0"，都是有效数字；第一个非零数字前的零不是有效数字，"0"在数字的前面，只表示小数点位置，不包括在有效数字中。有效数字位数与小数点的位置无关。换句话说，表示小数点位置的"0"不是有效数字。如果"0"在数字之间与末尾时，则表示一定的数值，应该包括在有效数字的位数中，有效数字末尾的"0"表示存疑数字的位置，随意增减会人为地夸大测量的准确度或者是测量误差，不得随意在测量数据的末尾添加或删减数字"0"。

［例 1-10］以下测量结果的数值中有几位是有效数字？

解：

有效数字：50.8　0.38　0.68　0.0068　6.8×10　1850　1.85×10　506　220；

位数：　　三位　二位　二位　二位　　二位　　四位　三位　　　三位　三位。

［例 1-11］对于 0.0214 m ＝2.14 cm＝21.4 mm 有几位有效数字？

解： 0.0214 m ＝2.14 cm＝21.4 mm 都是三位有效数字。

［例 1-12］对于 0.056 和 0.56 有几位有效数字？

解： 对于 0.056 和 0.56 与小数点无关，均为两位有效数字。

（三）有效数字存疑位的读取以测量的精度为依据

有效数字是直接从测量中得到的，由于仪器、试验方法和人为的限制，任何测量都存在误差，测定值本身含有误差，测量只能达到一定的准确度，所得到的被测量值只能是近似值。因此，测量结果都是含有误差的近似数据。在记录和计算时，有效数字存疑位的取舍，应以测量能达到的精度为依据来确定数据的位数，所以要对测量结果包含误差的近似数据进行末位截断进、舍位处理。有人误认为保留位数越多准确度越高，错觉地认为多写几位就能增强准确度，使测量精度高些，这是错误的。位数取多，反而增加了不必要的计算工作量；位数取少，又会降低测量所能达到的准确度，从而也会影响计算结果应有的精度。因此，对于测量取值，位数太多不可靠；位数太少，会将一部分有用的可靠数字丢失而引起额外的误差。直接测量被测物理量到底要取几位有效数字？测量结果应反映实际的情况，根据被测量的大小和测量仪器仪表的精密度来决定。如：1.0 级量程的电压表，测电压为 85.65V 和 85.6V，两个数中只有 8 是有效数字，因为 1.0 级 100V 量程的电压表本身就有 1V 的误差，所以所测电压值只有一位是正确数，其他为估计值，也就是说只有 8 是有效的。而对于台秤称量某物为 8.8g，因为台秤只能准确地称到 0.1g，所以物质量可表示为（8.8±0.1）g，它的有效数字是 2 位。如果将物体放在分析天平上称量，得到结果是 8.8125g，由于分析天平能准确地称量到 0.0001g，所以物质量表示为（8.8±0.0001）g，它的有效数字是 5 位。对于（100±50）%Ω 的电阻，100 的三位数字只有 1 和中间的零为有效数字，因为（100±5）%Ω 的电阻有 5Ω 的误差，因此第三位是估读值，所以第三个零不是有效数位。当测得物体的长度为 6.45cm，若用千分尺来测，其有效数字的位数有五位。又如：使用 1/10℃ 刻度的温度计来测量某体系的温度，读数为 20.66℃，前三位数由温度计刻度直接读得，最后位数 "6" 则是在 20.6～20.7℃ 刻度中间估计得出的，是第一位存疑数字，这四位数都是有效数字，有效数字位数为 4。

三、确定有效数字存疑位的修正进舍原则

记录和计算时要对测量结果包含误差的近似数据取舍，进行末位截断进、舍位处理，确定数据的位数，修约办法应遵守《数值修约规则与极限数值的表示与判定》（GB 8170—2008）数值修约规则的进舍规则和不许连续修约处理规则，修约原则如下：

1. 当保留 n 位有效数字，若后面拟舍弃数字的最左一位数字小于 5 时则舍，即所保留的各位数字不变。如：2.83729 修正到小数点后第三位，得 2.837。52.03 保留三位有效数字为 52.0。若根据测量不确定度的大小需要将 12.1498 修约到一位小数得 12.1，修约成两位有效位数得 12。用 6.35 表示 6.3537，其误差的绝对值为 0.0037，所以 6，3，5 三位数字均为有效数字。

2. 当保留 n 位有效数字，若以保留数字的末位为单位，拟舍弃数字的最左一位数字大于 5 或者是 5，而其后跟有并非全部为 0 的数字时则进一，即保留的末位数字加 1。如：3.14159 修正到小数点后第三位得 3.142。46.77 保留三位有效数字得 46.8。39.25 保留三位有效数字得 39.3。若根据测量不确定度的大小需将 1268 修约到 "百" 数位，得 $13×10^2$，修约成三位有效位数，得 $127×10$。若根据测量不确定度的大小需将 10.504 修约到个数位，则得 11。

3. 当保留 n 位有效数字，拟舍弃数字的最左一位数字为 5，而右面无数或为 0 时，若所

保留的末位数为奇数（1，3，5，7，9）则进一；若为偶数（2，4，6，8，0）则舍弃后面的数字。即偶则舍，奇则进（奇进偶不进）。如：4.51050 修正到小数点后第三位 4.510（因为 0.00050＝0.00050，但末位是偶数则舍去）。若根据测量不确定度的大小需要将 1.050 修约到一位小数，则得 1.0。若根据测量不确定度的大小需要将 0.350 修约到一位小数，则得 0.4。

4. 负数修约时，先将它的绝对值按上述规定进行修约，然后再在修约前面加符号。如：将－355 数字修约到"十"数位，得－36×10。将－325 数字修约成两位有效位数，得－32×10。

5. 不许连续修约：拟修约数字应在确定修约位数后一次修约获得结果，而不得多次按前述规则连续进行修约。

[例 1-13] 如何将 15.4546 修约到个位？

解：正确的做法：15.4546→15；

不正确的做法：15.4546→15.455→15.46→15.5→16。

四、数据运算规则

直接测量需要记录数据，间接测量不仅要记录数据，而且要进行数据的计算。由于任何测量都存在误差，不可能得到被测量的真实值，只能是近似值。所以直接测量的数据记录和间接测量的计算结果反映了近似值的大小，这在某种程度上表明了误差。因而，数据处理运算也是重要问题。

（一）加减运算

有效数字进行加减运算时，将数值位置对齐，计算结果的小数点后面的位数与各数中小数点后面位数最少者相同。以存疑数字绝对误差最大的数值来确定计算值第一位存疑数字位数，以此作为计算有效数字的最后一位。第二、第三……存疑数字可根据四舍五入的办法向前进位。运算结果的存疑数字按"四舍六入五凑偶"原则进行处理，即小于等于四则舍；大于六则入；等于五时，根据前一位按"奇入偶舍"等原则处理。如：4.625 可以化为 4.62。3.235 可以化为 3.24。而　0.254＋21.2＋1.23＝22.7，21.21-0.2234＝20.99。

$$
\begin{array}{r|l}
0.2 & 54 \\
21.2 & \\
+)\ 1.2 & 3 \\
\hline
22.6 & 84
\end{array}
$$

应写成 22.7

$$
\begin{array}{r|l}
21.21 & \\
-)\ 0.22 & 34 \\
\hline
20.98 & 66
\end{array}
$$

应写成 20.99

（二）乘除运算

进行乘除运算后的有效数字的位数，与参与运算的数字中有效数字位数最少的相同，采用有效数字与各数中有效数字位数最少者相等，而与小数点位置无关。如：$2.2×0.523＝1.2$，$3.32÷2810＝0.00118$ 或 $1.18×10^{-3}$。

（三）对数运算

进行乘方、开方、对数和指数运算时，乘方、开方后的有效数字位数与被乘方和被开方之前的有效数字的位数相同，计算结果的有效位数不变。对数、三角函数运算结果的有效数字位数由其改变量对应的数位决定，尾部位数与真实值的有效数字位数相等。真数有效位数与对数的尾数的位数相同，与首数无关。首数用于定位，不是有效数字。涉及直接或间接测量时才考虑有效数字，对不测量的数值、不连续物理量，以及理论计算的数值没有可疑数字，其有效数字仍可认为是无限的，所以可以根据需要保留。

（四）函数运算

参与函数运算的整数型或非整数型数学常数$\sqrt{2}$、π等常数均可看成是具有位数为无穷大的有效数字。按函数关系计算，间接测量数值需要保留几位数字？为了运算方便可根据需要取适当的位数。需舍位处理时，为了不增大运算结果的误差，取位原则要比参与运算的其他因子有效数字位数最少的多2位。函数运算的中间结果应多保留几位，以免舍位过多或修约过早带来过大的附加误差。

（五）有效数字的使用规则

有效数字的运算使用有很多规则，归纳如下：

（1）可靠数字之间运算的结果为可靠数字，可靠数字与存疑数字、存疑数字与存疑数字之间运算的结果为存疑数字。

（2）测量数据一般只保留一位存疑数字，绝对误差和相对误差一般只有一位有效数字，至多不超过两位。如：100.4m＝0.1004km＝10040cm＝100400mm，它改变了有效数字的位数，采用科学计数法就不会产生这个问题了。又如：4.16cm＝(4.16×10^{-5})km＝(4.16×10^{-2})m＝(4.16×10^{7})nm，单位的变换不能改变有效数字的位数，计量单位改变但有效数字的位数不能改变。

（3）实验中的数字与数学上的数字不一样。如：数学的 8.35＝8.350＝8.3500，而实验的 8.35 ≠ 8.350 ≠ 8.3500。

测量结果的数值修约、数值正确运算和有效数字位数确定对其影响极大，提高测量的准确度，使测量结果接近被测量的真实值，选取最适合的仪器精密度和量程，选择最合适的测定方法、掌握正确的数据有效数字位数确定方法、数据修约规则与数值运算规则，才能达到测量结果的公正及精确，保证测量结果的正确性，使出具的测量结果科学、公正、准确、有效和具有法律效力。

第三节　测量不确定度与误差理论

测量不确定度的基本概念、基本评定方法已经开始被人们接受，成为科技、经济、商贸等许多领域进行交流的依据。但是在测量模型的建立与主要不确定度来源的确定方法，多变量情况，工程测量不确定度的评定，以及适用于非正态分布情形、小样本的贝叶斯估计、稳健自动化估计、动态测量问题等方面还正待进行深入研究。GUM 文件的内容规定的是评定和表示不确定度的一种通用规则，它不仅仅限于计量领域中的检定、校准和检测。目前，测量不确定度的主要应用领域大致有：

1. 建立、保存和比较国际和国家的计量标准和标准物质；

2. 计量认证、计量确认、质量认证及实验室认可的活动；

3. 测量仪器的校准和检定；

4. 生产过程中的质量保证与控制，以及产品的检验和测试；

5. 科学研究与工程领域内的测量，以及贸易结算、医疗卫生、安全防护、环境监测及资源测量等；

6. 以上评定测量结果的场合，可以广义理解为对实验、测量方法、复杂部件和系统的概念设计和理论分析。

在以上各场合，凡需要给出测量结果，编制技术文件，或出具报告和证书或发表技术论文或编著技术书籍时，均应按 GUM 正确地表达测量不确定度。

一、测量不确定度的概念

（一）测量不确定度的定义

测量不确定度是与测量结果相关联的、表征合理地赋予被测量值分散性的参数。主要包括三个方面的含义：

1. 该参数是一个分散性参数，是一个可以定量表示测量结果的质量指标，它可以是标准差或其倍数，或说明了置信水平的区间半宽度。

2. 该参数由若干分量组成，统称它们为不确定度分量，这些分量的评定方法一般分为 A 类评定和 B 类评定。A 类评定的分量是依据一系列测量数据的统计分布获得的实验标准差，B 类评定的分量是基于经验或其他信息假定的概率分布给出的标准差。

3. 该参数是用于完整表征测量结果的。完整地表征测量结果，应包括对被测量结果的最佳估计及其分散性参数两个部分。贡献于测量不确定度的部分，应包括所有的不确定度分量，在这些分量中，还包括不可避免的随机影响。与测量不确定度相关的名词术语主要有标准不确定度、A 类评定、B 类评定、合成标准不确定度和扩展不确定度等。

（二）测量不确定度的来源

测量结果是测量的要素之一，而其他测量要素，如测量对象、测量资源、测量环境等均会在测量过程与计量技术中对测量结果产生不同程度的影响。凡是对测量结果产生影响的因素，均是测量不确定度的来源，它们可能来自于以下几个方面：

对被测量的定义不完整或不完善；复现被测量的定义的方法不理想；测量所取样本的代表性不够；对测量过程受环境影响的认识不周全或对环境条件的测量与控制不完善；模拟仪器的读数不准；仪器计量性能上的局限性；赋予测量标准和标准物质的标准值不准确；引用常数或其他参数不准确；与测量方法和测量程序有关的近似性或假定性；在表面上看来完全相同的测量条件下被测量重复观测值的变化等。

（三）测量不确定度与测量误差的区别

测量误差是指测量结果与真值之差，由于真值是理想的概念，在某些测量场合也只能获得约定真值。严格来讲，约定真值含有相应的不确定度，加上被测量自身定义的不完善等原因，故测量误差是不可能"真"知的。而测量不确定度可以评定测量结果的测不准大小，才是更为合理和完备的。不确定度小，说明该测量结果的质量好，使用价值高，其测量的质量及水平高，反之则效果相反。

比较测量不确定度与测量误差，两者的定义既有联系，又有截然不同之处。所谓联系是指两者都与测量结果有关，而且两者从不同角度反映了测量结果的质量指标。前者是指对测量结果的不能肯定的程度，后者是指测量结果相对真值的差异大小。对于前者，人们在主观上是完全可以根据所掌握的有关测量结果的数据信息来估计，后者在严格意义上讲是主观不可知的，但在已知约定真值的情况下测量误差又是可知的。不确定度的大小决定了测量结果的使用价值，成为一个可以操作的合理表征测量质量的一个重要指标。测量误差主要是用在测量过程中对误差源的分析上，即通过这样的误差分析，设法采取措施达到减小、修正和消除误差的目的，提高测量的质量水平；当然，它也可用于最终对测量结果中所含误差的分析与处理。最终，在评价测量结果之前，先需要对测量结果所得的数据进行正确的统计与处理，给出最佳的估计；同时，还需要视可能占有的相关测量信息，采用测量不确定度的评定和表示方法，合理给出对该测量结果最佳估计的测量不确定度的大小。

二、标准不确定度的评定

影响测量结果的分量有很多，每个分量对测量结果的分散性都有贡献，按照评定它们分散性大小的方法可以分为两类。标准不确定度的 A 类评定是指用统计分析一系列观测数据来评定的方法，并用实验标准差来表征。标准不确定的 B 类评定是指用不同于统计分析的其他方法来评定，用其他估计的标准差来表征。

（一）标准不确定度 A 类评定

1. 简单测量的实验标准差

简单测量的实验标准差是指通过对某分量的若干次直接测量，获得一组实验样本数据，然后根据贝塞尔公式（1-7）、极差法公式（1-8）等统计公式来进行具体计算，获得该分量标准不确定度的 A 类评定。

$$S = \sqrt{\frac{1}{n-1} \sum_{i=1}^{n} (x_i - \overline{x})^2} \tag{1-7}$$

$$S = \frac{R}{d_n} \tag{1-8}$$

式中　S——标准偏差（%）；

　　　n——试样总数或测量次数，一般 n 值不应少于 20～30 个；

　　　i——物料中某成分的各次测量值，1～n；

　　　R——极差，为 n 个测量结果中最大值和最小值之差；

　　　d_n——极差系数，与测量次数 n 的大小有关。

一般情况下，当 $n \geq 6$ 时，用公式（1-7），当 $2 \leq n \leq 5$ 时，则应用公式（1-8）计算实验标准差（极差法估计系数见表 1-2）。当估计样本均值的标准差时，则用公式（1-9）。

$$S(\overline{x}) = \frac{S}{\sqrt{n}} \tag{1-9}$$

式中　S——标准偏差；

　　$S(\overline{x})$——样本均值的标准差。

表 1-2　极差法估计系数

n	2	3	4	5	6	7	8
d_n	1.128	1.693	2.059	2.326	2.534	2.704	2.847
$1/d_n$	0.886	0.591	0.486	0.429	0.395	0.369	0.351

当一组实验样本是在短时间内获得的独立重复测量数据时，该实验标准差就是重复性；当一组实验样本是在短时间内不同测量条件下获得的测量数据时，该实验标准差就是复现性

或再现性；当一组实验样本是在规定的长时间内获得的测量数据时，该实验标准差就是稳定性。观测次数 n 在原则上取大一些为好，但也要视实际情况而定。当该 A 类标准不确定度分量对合成标准不确定度的贡献较大时，n 不宜太小，一般应大于 6；反之，当该 A 类标准不确定度分量对合成标准不确定度的贡献较小时，n 小一些关系也不大。

2. 其他方面的实验标准偏差

其他方面的实验标准偏差包括测量过程的实验标准偏差、组合测量的实验标准偏差、拟合测量的实验标准偏差、阿仑方差、不同时期不同地点或不同实验室或由不同仪器测量情形下的实验标准偏差、不同样本的差异不能忽略的情形下的实验标准偏差等。因为这些情况在实际工作中应用较少，因而需具体进行说明。

（二）标准不确定度的 B 类评定

如果因成本、资源和时间等因素的限制，无法或不宜用 A 类方法来评定测量结果的不确定度时，则可设法收集一切对测量有影响的信息，诸如以前的测量数据、设备出厂说明书或合格证、上级测量机构提供的标准、历史经验和知识等，采用合理的方式同样可以给出被测量估计值的标准不确定度。

1. B 类评定的信息来源

为了获取评定测量不确定度的信息，按照国际标准的明确规定，除了采用自行测量的数据外，还可合理使用一切非自行统计的其他有用信息，包括以前的测量数据；校准证书、检定证书、测试报告及其他证书文件；生产厂的说明书；引用的手册；测量经验、有关仪器的特性和其他材料的知识等。

2. B 类评定的方法

属于 B 类评定的方法，有以下三种情形。

（1）根据可利用的信息，分析判断被测量的可能值不会超出的区间（$-e$，e）及其概率分布，由要求的置信水平估计置信因子 k，得标准不确定度 $u(x) = e/k$。

（2）正态分布的某些 k 值的置信水平，见表 1-3。

表 1-3　正态分布的某些 k 值的置信水平

k	3.30	3.0	2.58	2.0	1.96	1.645	1.0	0.6745
p	0.999	0.9973	0.99	0.954	0.95	0.90	0.683	0.5

根据有用信息，得知该 x 的不确定度分量是以标准差的几倍表示，则标准不确定度 $u(x)$ 可简单取为该值与倍数之商。

（3）直接凭经验给出标准不确定度的估计值。

3. 属于 B 类评定的一些常见情形

（1）对某台仪器的测量不确定度信息，经常是简单知道其技术说明书或出厂合格产品证书等给出的最大允许误差，而该仪器误差具体有多大并不清楚。这种情况下，最大允许误差就可作为 B 类不确定度分量的变化区间的半宽度。一般地，当量值出现在中心附近远多于在边界附近时，可选为正态分布；而当量值出现在中心附近与边界附近的机会均等时，则可选为均匀分布；介于两者之间的情形，可选为三角分布。当完全缺乏信息时，可保守地认为其服从均匀分布。

（2）测量方法的不确定度，需凭相关知识来评定，或者靠实验室间交换测量标准和标准物质来提供有用的信息。

（3）测得的输入量，如已校准仪器的单次测量，其不确定度主要来自重复性；已检定仪器的单次测量，由授权机构的检定给出不确定度的说明。

（4）抽样引起的不确定度，如在自然物质和化学分析中，应用方差分析法进行仔细的实验设计，或者凭经验、知识和可用的信息来估计。

（5）不对称分布的情形。

（三）标准不确定度的合成

1. 合成标准不确定度的计算公式

对测量不确定度分量按两类方法评定之后，还要考虑如何综合众多分量对测量结果分散性总的影响。解决这个问题的思路来自于求多个随机变量之和的方差性质。广义法和根法合成公式如式（1-10）所示。

$$u_c = \sqrt{u_1^2 + u_2^2 + \cdots + u_m^2 + 2\sum_{i=1}^{m}\sum_{j=1}^{m}\rho_{ij}u_i u_j} \tag{1-10}$$

式中　u_c——合成标准不确定度；

　$u_1 \cdots u_m$——不确定度分量；

　ρ_{ij}——相互间的相关系数。

当相互间的相关系数为 1 时，公式可简化为式（1-11）；当相关系数为 0 时，可简化为式（1-12）。

$$u_c = u_1 + u_2 + \cdots + u_m \tag{1-11}$$

$$u_c = \sqrt{u_1^2 + u_2^2 + \cdots + u_m^2} \tag{1-12}$$

2. 有效自由度

有效自由度用来评定合成标准不确定度的可靠程度，其计算公式见式（1-13）。

$$\frac{u_c^4(x)}{\nu_{\text{eff}}} = \sum_{i=1}^{m}\frac{u^4(x_i)}{v_i} = \sum_{i=1}^{m}\frac{u_i^4}{v_i} \tag{1-13}$$

式中　ν_{eff}——有效自由度；

　u_i——第 i 个不确定度分量；

　v_i——有效自由度分量。

其余释义同上。

（四）扩展不确定度

用扩展不确定度来表示测量结果的分散性大小，关键是确定好包含因子。可采用称之为自由度法、超越系数法和简易法等三种方法。其中，一、三两种方法是国际 ISO 1993 指南推荐的方法。确定扩展不确定度是为了给出具有完整信息的测量结果，这是测量结果的使用者所期望和关心的。扩展不确定度定义为测量结果分散在某区间的半宽度，也是该测量结果的标准不确定度的几倍。因此，对某复现量 y 的扩展不确定度可以用公式（1-14）来表示。

$$U_p(y) = k_p u_c \tag{1-14}$$

式中　$U_p(y)$——为某复现量 y 的扩展不确定度；

　　k_p——称为包含因子，常用符号 k 或 k_p 表示。

当测量结果服从正态分布或接近正态分布的情形时，可以用自由度法确定包含因子。当没有获得自由度信息而大致知道测量分布且为对称分布的情形时，可以根据分布的四阶矩阵来确定其包含因子，称其为超越系数法。

当没有关于被测量的标准不确定度的自由度和有关合成分布的信息，难以确定被测量值的估计区间及其置信水平时，在这种情形下，国际 ISO 1993 指南规定取 $k=2\sim3$。我国军用标准规定 $k=2$，美国 NIST 的方针也常取 $k=2$。当时，置信概率为 95%，$k=3$ 时，置信概率为 99%。

三、测量报告的基本内容

当测量不确定度用合成标准不确定度表示时，应给出合成标准不确定度及其自由度；当测量不确定度用扩展不确定度表示时，除应给出扩展不确定度外，还应说明它计算时所依据的合成标准不确定度、自由度、包含因子和置信水平。

（一）用合成标准不确定度表示测量结果的表达方式

当测量不确定度用合成标准不确定度表示时，可用下列四种方式之一表示测量结果。如某次测量 y 的估计值为 28.31ml，合成标准不确定度 $u_c(y)$ 为 0.03mL，自由度 ν_{eff} 为 9，则测量结果可表示为：

（1）$y=28.31$mL，$u_c(y)=0.03$mL，$\nu_{eff}=9$；

（2）$y=28.31$（3）mL，$\nu_{eff}=9$；

（3）$y=28.31$（0.03）mL，$\nu_{eff}=9$；

（4）$y=$（28.31 ± 0.03）mL。

（二）用扩展不确定度表示方式

当测量不确定度用扩展不确定度表示时，可用下列两种方式之一表示测量结果：

（1）$y=$（28.31 ± 0.06）mL，$k=2$；

（2）$y=$（28.31 ± 0.07）mL，$k=t_{95}$（9）$=2.26$，$\nu_{eff}=9$；。

（三）测量结果的数字位数修约规则

参照国际上科学数据的修约规则，可简要总结为两条原则。第一，最后报告的不确定度有效位数一般不超过两位，多余部分当保留两位有效数字时按"不为零即进位"原则，当保留一位有效数字时，按"三分之一原则"进行修约。第二，按被测量的估计值的位进行修约时，原则上与修约后不确定度数值的位数对齐，多余部分按"四舍六入，逢五取偶"原则进行舍弃或进位截断。

总结测量结果的最终表示方法有以下两种：

区间半宽度表示方式：

测量结果＝最佳估计值±测不准部分（单位）（置信水平，自由度）

标准偏差表示方式：

测量结果＝最佳估计值（测不准部分）（单位）（自由度）

四、测量不确定度的计算步骤

评定与表示测量不确定度的步骤可归纳如下：

（1）分析测量不确定度的来源，列出对测量结果影响显著的不确定度分量。

（2）计算标准不确定度分量，并给出其评定的数值 u_i 和自由度 ν_i。

（3）分析所有不确定度分量的相关性，确定各相关系数 ρ_{ij}。

（4）求出测量结果的合成标准不确定度 u_c 及其自由度 ν_{eff}。

（5）如果还需要给出扩展不确定度，则将合成标准不确定度 u_c 乘以包含因子 k，得到扩

展不确定度 $U=ku_c$。

（6）给出不确定度的最后报告，以规定的方式给出被测量的估计值及合成标准不确定度 u_c 或扩展不确定度 U，并说明它们的获得细节。

综上所述，测量不确定度已越来越受到国际上的普遍重视，不确定度的评定和表示，可以极大地统一理解和说明测量结果。在我们目前的业务中，包括校准证书、检定证书、测试报告、学术报告、技术规范、产品标准及合同协议书等文件都要求使用有关测量结果和测量不确定度的表述。而在质量管理和质量保证的系列文件中也规定，应保证所用设备的测量不确定度都是已知的。因此，应加强对测量不确定度的研究和应用，在提高数据处理水平的同时，能够更好地与国内外标准统一起来。

第四节　偶　然　误　差

根据测量误差的性质和出现的特点不同，一般可将测量误差分为三类，即系统误差、偶然误差和粗大误差。其中，偶然误差在测量中往往存在，在含有偶然误差的实验数据中如何找出可靠的实验测量结果，是个基本问题。在偶然误差的统计规律中，存在正态分布及其他的几种常见分布特征，可以用算术平均值及其标准偏差和极限误差来表示测量结果。

一、偶然误差的特征、算术平均值及标准差

（一）偶然误差的定义及特征量

偶然误差又称为偶然误差，定义为：测得值与在重复性条件下对同一被测量进行无限多次测量所得结果的平均值之差。其特征是在相同测量条件下，多次测量同一量值时，绝对值和符号以不可预定的方式变化。偶然误差产生于实验条件的偶然性微小变化，如温度波动、噪声干扰、电磁场微变、电源电压的随机起伏、地面振动等。由于每个因素出现与否，以及这些因素所造成的误差大小，人们都难以预料和控制。所以，偶然误差的大小和方向均随机不定，不可预见，不可修正。然而虽然一次测量的偶然误差没有规律，不可预见，也不能用实验的方法加以消除。但是，经过大量的重复测量后可以发现，它是遵循某种统计规律的。因此，可以用概率统计的方法处理含有偶然误差的数据，对偶然误差的总体大小及分布做出估计，并采取适当措施减小偶然误差对测量结果的影响。

偶然误差的特点是在进行重复测量时，其误差的大小和正负完全是随机的。通过大量测试的结果表明，该误差是服从统计规律的，即误差小（测量值较接近真值）的出现概率高，而误差大（偏离真值远）的出现概率小，而且大小相等的正负误差出现的概率相同。其概率密度分布规律可用图 1-2 表示，这种分布曲线称为"正态分布"。偶然误差产生的原因完全是偶然的和难以控制的。例如供电电压的突然起伏、室外车辆通过造成的振动等等。因此对同一物理量进行多次重复测量并非多余的事，适当增加测量次数，并对测量所得数据进行处理，就可以减小偶然误差对测量结果的影响。由偶然误差的特性可知，它影响了测量数据的密集程度，偶然误差小则精密度高。

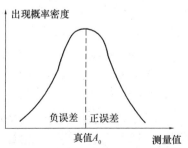

图 1-2　真值与概率密度的关系

偶然误差是测量结果与在重复性条件下，对同一被测量进行无限多次测量所得结果的平均值之差。若测量列中不包含系统误差和粗大误差，设被测量的真值为 X_0，一系列测得值为 x_i，则测量列中的偶然误差 δ_i 为：

$$\delta_i = x_i - X_0 \tag{1-15}$$

式中　X_0——被测量的真值；

　　　x_i——一系列测得值；

　　　δ_i——偶然误差，其中 $i=1,2,\cdots,n$。

若测量列中不包括系统误差和粗大误差，服从正态分布的偶然误差均具有以下四个特征：(1) 绝对值相等的正误差与负误差出现的次数基本相等，即具有对称性。(2) 偶然误差分布在一定的界限内，绝对值大的误差出现的概率近为零，且偶然误差的绝对值不会超过一定界限。即偶然误差具有有界性。(3) 绝对值小的误差比绝对值大的误差出现的次数多，此为偶然误差的单峰性。(4) 对于纵坐标对称分布的正误差和负误差，随着测量次数 n 趋于无限大，全体误差的代数和为零，即偶然误差具有抵偿性[19]。

其中误差的抵偿性是其最本质的统计特征，它常作为判定误差是否具有偶然性的标志。对不具备对称性特征的数据，最好选数据点分布的重心位置作为约定真值。这样，就保证了数据所含有的偶然误差仍具有抵偿性。

（二）算术平均值—真值的估计

偶然误差是在同一测量的多次检测过程中，以不可知方式变化引起的误差。在相同条件下，此项误差的绝对值和符号变化不定。从理论上讲，偶然误差的分布中心是真值。但真值未知，因此，偶然误差与标准偏差也就是未知量。由此，为了正确评定偶然误差，应对测量列进行统计处理。

1. 测量列的算术平均值

设测量列为 $x_1,x_2,\cdots,x_n$ 则算术平均值为 $\bar{x}$：

$$\bar{x} = \sum_{i=1}^{n} \frac{x_i}{N} \tag{1-16}$$

式中　$\bar{x}$——算术平均值；

　　　x_i——第 i 个测量列。

　　　N——测量次数。

由大数定律可知，当测量列中没有系统误差时，若测量次数无限增加，标准偏差必然等于真值。

实际测量中，测量的次数有限，算术平均值只能近似地作为真值。用算术平均值代替真值后计算所得的误差，称为残余误差（简称残差），记作 V_i，则

$$V_i = x_i - \bar{x} \tag{1-17}$$

式中　V_i——残余误差。

可以证明，残差具有下述两个特性：(1) 残差的代数和为零。(2) 残差的平方和为最小。

这两个特性表示，若不用平均值，而用测量列的任一测量值代替真值，所得到的残差不是最小。因此，进一步说明用算术平均值作为测量结果是最可靠的、最合理的。

2. 测量列中单次测量值的标准偏差

由于偶然误差是未知的，标准偏差 S 就不好确定。常用贝塞尔公式的方法估算标准偏差，即

$$S = \sqrt{\frac{\sum_{i=1}^{n} V_i^2}{n-1}} \qquad (1-18)$$

式中　S——标准偏差；

　　　V_i——残余误差；

　　　$n-1$——自由度。

由式 1-18 估算出 S 值后，若只考虑偶然误差，则单次测量值的测量结果 x_e 为：

$$x_e = x_i \pm 3S \qquad (1-19)$$

式中　x_e——单次测量值的测量结果；

　　　x_i——第 i 次测量时的测量结果。

二、偶然误差的正态分布

（一）正态分布的来源及其数学含义

大部分实际存在的偶然变数都有"中间多，两头少，左右对称"的特点。例如养鸡场在同一饲养条件下，大批次养同品种、同年龄的鸡，经过一段时间，由于孵鸡用蛋的个体差异，遗传因素的个体差异，孵出后具体情况的偶然差异等因素的影响，秤量其体重会发现有的鸡重些，有的鸡轻些。鸡的体重正是受大量偶然因素总和的影响的随机变数。如果这些鸡平均体重为 2 公斤，按体重把这些鸡分组，比方说 1.9～2 公斤为左 1 组，2～2.1 公斤为右 1 组，1.8～1.9 为左 2 组，2.1～2.2 为右 2 组，我们会发现靠近平均值 2 公斤的组中包含鸡的个数较多，离 2 公斤愈远的组中鸡的个数愈少，而比 2 公斤多的一些组和比 2 公斤少的一些组包含鸡数差不多，这就是"中间多，两头少，左右对称"。正因为服从"中间多，两头少，左右对称"分布规律的偶然变数特别多，所以这种分布有"正态分布"之称[7]。高斯（C. F. Gauss）首先解决了用数学公式表达正态分布的问题，故正态分布又叫"高斯分布"[8]。

随机变数 y 的分布函数可以写成：

$$F_y(x) = \frac{1}{S\sqrt{2\pi}} \int_{-\infty}^{x} (e^{-(t-a)^2/2S^2}) dt \qquad (1-20)$$

式中　$F_y(x)$——分布函数；

　　　a——总体平均值（代表真值）；

　　　S——标准偏差（$S>0$）；

　　　t——测量值；

　　　y——正态变量。

上式为以 a、S 为参数的正态分布函数。可简写为 $y \frown N(a,S)$[9]。特例：$a=0$，$S=1$ 的正态分布 $N(0,1)$ 叫标准正态分布。从上面定义可知，正态分布 $N(a,S)$ 是一种连续型分布，其分布密度为：

$$p_f(x) = \frac{1}{S\sqrt{2\pi}} e^{-(x-a)^2/2S^2} \qquad (1-21)$$

标准正态分布 $N(0,1)$ 的分布函数和分布密度特别常用，通常记为 $\phi(x)$ 和 $\varphi(x)$：

令 $t = \dfrac{x-a}{S}$ 则：

$$\phi(x) = \frac{1}{\sqrt{2\pi}} \int_{-\infty}^{x} \mathrm{e}^{-\frac{t^2}{2}} \mathrm{d}t \tag{1-22}$$

$$\varphi(x) = \frac{1}{\sqrt{2\pi}} \mathrm{e}^{-\frac{x^2}{2}} \tag{1-23}$$

式中　$\phi(x)$ ——标准正态分布的分布函数[28]；

　　　$\varphi(x)$ ——标准正态分布的概率密度函数。

下图是正态分布 $N(a,S)$ 的分布函数图像。

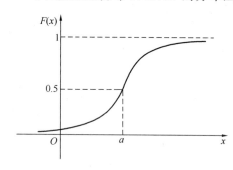

图 1-3　$N(a,S)$ 的分布函数

如图 1-3 所示，$F(x)$ 是一个连续函数。x 轴为 $x \to -\infty$ 时，$F(x)$ 的渐近线；直线 $y=1$ 是 $x \to +\infty$ 时 $F(x)$ 的渐近线。

$N(a,S)$ 正态分布曲线随 a 及 σ 的不同而不同，应用起来不太方便，故通常令

$$t = Su + a \quad \mathrm{d}t = S\mathrm{d}u \quad (t \to \infty \text{ 时 } u \to -\infty)$$

当 $t=x$ 时

$$u = (x-a)/S \tag{1-24}$$

将式（1-24）代入式（1-20），则

$$F_y(x) = \frac{1}{S\sqrt{2\pi}} \int_{-\infty}^{x} (\mathrm{e}^{-(t-a)^2/2S^2}) \mathrm{d}t = \frac{1}{2\pi} \int_{-\infty}^{\frac{x-a}{S}} \mathrm{e}^{-u^2/2} \mathrm{d}u = \phi\left(\frac{x-a}{S}\right) \tag{1-25}$$

因此，只要根据标准正态分布 $\phi(x)$ 的数值表未列出，直接查表，就可以完成正态分布的计算。

（二）标准正态分布密度函数

$$\phi(x) = \frac{1}{S(2\pi)} \mathrm{e}^{-(x-a)^2/2S^2} \tag{1-26}$$

图（1-4）是标准正态分布密度函数的图像，由上式可见：

（1）$x=a$ 时，$\phi(x)$ 值最大，是曲线的最高点。这说明大多数测量值集中在算术平均值附近。

（2）$x=a$ 时的概率密度为

$$\phi(x=a) = \frac{1}{S\sqrt{2\pi}} \tag{1-27}$$

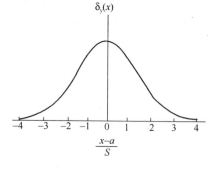

图 1-4　标准正态分布曲线

这意味着测量值的分布由测量时的精密度（用标准偏差 S 表示）决定。S 愈大，分散程度愈大，曲线愈平坦；S 愈小，分散程度愈小，曲线愈尖锐。

曲线以 $x=a$ 这一直线为其对称轴，说明正误差和负误差出现的概率相等。

（3）当 x 趋向于 $-\infty$ 或 $+\infty$ 时，曲线以 x 轴为渐近线。说明小误差出现的概率大，大误差出现的概率小，很大误差出现的概率极小，趋近于零。

（4）标准正态分布曲线与横坐标 $-\infty$ 到 $+\infty$ 之间所夹的总面积，代表所有测量值出现的概率的总和，其值为 1，即概率 P 为

$$P = \int_{-\infty}^{+\infty} \frac{1}{S\sqrt{2\pi}} e^{-(x-a)^2/2S^2} \, \mathrm{d}x = 1 \tag{1-28}$$

若 $u = \pm 1$，则可知 $x = a \pm S$

查表 1-4，得此时概率

$$P = 2 \times 0.3413 = 68.3\%$$

即分析记过落在 $a \pm S$ 范围内的概率为 68.3%。

同理可求得分析结果落在其他范围内的概率见表 1-4：

表 1-4　分析结果的概率范围

分析结果所在范围	概率 P
$a \pm 1S$	68.3%
$a \pm 2S$	95.5%
$a \pm 3S$	99.7%

这些数据说明，在多次重复测量中，特大误差出现的概率是很小的。这里要说明的是，对于标准正态分布曲钱，不同 u 值时所占面积用积分方法求得，制成各种形式的概率积分表供查用，如表 1-5 所示。只是 $\pm u$ 值范围内所对应的概率必须乘以 2。

[**例 1-14**] 已知某试样 Fe 的标准值为 1.55%，$S = 0.10$，测量时没有系统误差，求分析结果落在 (1.55 ± 0.15)% 范围内的概率。

解：

$$|u| = \frac{|x-a|}{S} = \frac{|x-1.55|}{0.1} = \frac{0.15}{0.10} = 1.5$$

查表 1-5，求得概率

$$p = 2 \times 0.4332 \approx 86.6\%$$

[**例 1-15**] 求上例中分析结果大于 1.75% 的概率。

解：本例只讨论分析结果大于 1.75% 的分布情况，属于单边检验问题。

$$|u| = \frac{|x-a|}{\sigma} = \frac{1.75-1.55}{0.1} = \frac{0.20}{0.10} = 2.0$$

查表 1-5，求得此时的概率为 0.4773，整个正态分布曲线右侧的概率为 1/2 即 0.5000，故分析结果大于 1.75% 的概率为

$$0.5000 - 0.4773 = 0.52\%$$

从上面偶然误差的正态分布可知，随着测定次数的增加，偶然误差的算术平均值将逐渐接近于零。实验表明，当测定次数大于 10 时，误差已减小到不很显著的数值。所以，虽然偶然误差在测定过程中难以察觉，也难以控制和避免，但只要我们在消除系统误差以后，在相同条件下进行多次（>10 次）平行测定，取其算术平均值，就可以提高分析结果的准确度，使分析测定结果接近于真值。

三、中心极限定理

判定测量条件是否符合正态分布的理论依据是中心极限定理。中心极限定理有多种表达形式，使用最广泛、最简便的是以下三种。

表 1-5　正态分布概率积分表 $\left(P=\text{面积}=\dfrac{1}{2\pi}\displaystyle\int_0^u e^{-u^2/2}\,du,\ |u|=\dfrac{|x-a|}{S}\right)$

$|u|$	面积	$|u|$	面积	$|u|$	面积
0.0	0.0000	1.0	0.3413	2.0	0.4773
0.1	0.0398	1.1	0.3643	2.1	0.4821
0.2	0.0793	1.2	0.3849	2.2	0.4861
0.3	0.1179	1.3	0.4032	2.3	0.4893
0.4	0.1554	1.4	0.4192	2.4	0.4918
0.5	0.1915	1.5	0.4332	2.5	0.4938
0.6	0.2258	1.6	0.4452	2.6	0.4953
0.7	0.2580	1.7	0.4554	2.7	0.4965
0.8	0.2881	1.8	0.4641	2.8	0.4974
0.9	0.3159	1.9	0.4713	3.0	0.4987

（一）大数定律

大数定律常采用切比雪夫（Чебыщев）定理的形式。设 $\xi_1,\xi_2,\cdots,\xi_n$ 是 n 个相互独立的随机变量，各变量的方差都不超过某一常数，即 $D(\xi_i)\leqslant\varepsilon\ (i=1,2,\cdots,n)$，则对任意数 $\varepsilon>0$ 有

$$\lim_{n\to\infty}P\left(\left|\frac{1}{n}\sum_{i=1}^{n}\xi_i-\frac{1}{n}\sum_{i=1}^{n}E(\xi_i)\right|<\varepsilon\right)=1 \tag{1-29}$$

式中　$D(\xi_i)$——第 i 个随机变量的方差；

ε——为任意数；

P——每次实验中出现的概率；

$E(\xi_i)$——为第 i 个随机变量的数学期望。

该定律说明具有有限数学期望和方差的互相独立的随机变量 ξ_i 的算术平均值与这些随机变量的数学期望的算术平均值接近。当 n 充分大时，这几乎是必然事件。在误差理论中，大数定律说明：如果某个随机事件是由一系列具有有限数学期望和方差的随机事件组成，并且所组成的随机事件足够多，则该随机事件的取值趋向于其数学期望，也可以说随机事件的任意一次观测值都可作为它的真值的近似值。

（二）同分布中心极限定理

同分布中心极限定理即列维（Levy）—林德伯格（Lindeberg）中心极限定理。设 ξ_1，$\xi_2,\cdots,\xi_n$ 为独立同分布随机变量序列，$E(\xi)=a$ 和 $D(\xi)=\sigma^2$ 为该随机变量序列共同数学期望和方差。令随机变量 η：

$$\eta=\frac{\displaystyle\sum_{i=1}^{n}\xi_i-nE(\xi)}{\sqrt{D(\xi)}\sqrt{n}}=\frac{\bar{\xi}-a}{\sigma/\sqrt{n}} \tag{1-30}$$

则

$$\lim_{n\to\infty}P(\eta\leqslant x)=2\pi\int_{-\infty}^{x}e^{-u^2/2}\,du \tag{1-31}$$

式中　η——随机变量。

其余变量释义同上。

上式表明，当 $n\to\infty$ 时，η 的分布趋向于标准正态分布。

同分布中心极限定理说明，不论相互独立的变量 ξ_i 属于何种分布，只要所有变量分布

相同，那么当 $n \to \infty$ 时，其平均值 $\bar{\xi}$ 的分布将服从以 a 为数学期望，以 σ^2/n 为方差的正态分布。对某一测量对象的多次重复测量中，由于测量条件相同，可将测得值的算术平均值看成是同分布的。当测量次数足够多时，测得值的算术平均值无限接近于正态分布。

（三）不同分布的中心极限定理

不同分布的中心极限定理又称为李雅普诺夫（Ляпунов）中心极限定理。设：ξ_i 为相互独立随机变量序列，$i=1,2,\cdots,n$ 且 $E(\xi_i)=a_i$，$D(\xi_i)=\sigma_i^2$，数学期望总和 $a=\sum\limits_{i=1}^{n}a_i$，方差总和 $\sigma_n^2=\sum\limits_{i=1}^{n}\sigma_i^2$，令总和的标准化随机变量为 $\eta=\dfrac{\sum\limits_{i=1}^{n}\xi_i-a}{\sigma_n}$

若序列中的各随机变量的方差均匀地小，即

$$\lim_{n\to\infty}\frac{\sigma_i^{\ 2}}{\sigma_n^{\ 2}}=0 \tag{1-32}$$

则当 $n \to \infty$ 时，总和的标准化随机变量 η 趋于标准正态分布，即

$$\lim_{n\to\infty}P(\eta\leqslant x)=2\pi\int_{-\infty}^{x}\mathrm{e}^{-u^2/2}\mathrm{d}u \tag{1-33}$$

定理说明，不同分布的随机变量只要其个数足够多且互相独立，并且各随机变量的方差均匀地小，则由该序列随机变量共同作用形成的总和随机变量服从正态分布。对于重复测量事件来说，只要该事件所包含的随机因素足够多，每个因素对测量的影响均匀地小，则测得值及其误差服从正态分布（不论测量次数的多少）。

依据以上三个定律可以判定偶然误差是否趋近于正态分布。由于绝大多数的误差均符合以上定理特征，因而误差理论中使用最多的分布是正态分布。但需要注意的是，以上定理只是指出误差在随机变量序列中的变量个数足够多的情况下（$n \to \infty$）才无限接近于正态分布，而不确定是服从正态分布，因而在使用正态分布作为数学模型时，将会不可避免地带来模型误差。在偶然误差中还有其他分布概型，如二项分布、泊松分布、均匀分布以及反正弦分布等，但是这些分布应用较少。

四、平均误差的置信度和极限误差

实验中当进行一组等精密度的重复测量时，可获得一组测量数据及相应的误差。用标准误差 $S_{\bar{x}}$ 来表示测量结果时，其测量结果为

$$x=\bar{x}\pm S_{\bar{x}} \tag{1-34}$$

其中，

$$\bar{x}=\frac{1}{n}\sum_{i=1}^{n}x_i \quad S_{\bar{x}}=\frac{\sqrt{\sum\limits_{i=1}^{n}(x_i-x_0)^2}}{n} \tag{1-35}$$

式中　x_0——测量真值；

　　　　$\bar{x}$——算术平均值；

　　　　S_x——为算术平均值的标准误差。

测量结果表明，$\bar{x}$ 的误差出现在 $[-\sigma_{\bar{x}}\sim\sigma_{\bar{x}}]$ 之间的概率为 68.3%。但实际上真值是未知的，因而，当测量次数较多时，我们通常用测量值平均值的标准偏差来估计标准误差．即测量平均值的标准偏差为

$$S_{\bar{x}} = \sqrt{\frac{\sum_{i=1}^{n}(x_i - \bar{x})^2}{n(n-1)}} \qquad (1\text{-}36)$$

式中　　$S_{\bar{x}}$——为测量平均值的标准偏差；

则测量结果为
$$x = \bar{x} \pm S_{\bar{x}} \qquad (1\text{-}37)$$

这时测量结果误差在 $\pm S_{\bar{x}}$ 区间的置信度仍为 68.3%。

但当测量次数不太多的情况下，则在同样的概率水平下，其误差的置信区间就要大于 $S_{\bar{x}}$。因而，测量结果应表示为

$$x = \bar{x} \pm t_0 S_{\bar{x}} \qquad (1\text{-}38)$$

式中　　t_0——为大于 1 的置信系数，它与测量次数有关。

当我们用平均误差来表示测量结果时，其置信度又如何呢？

1. 平均误差定义为[33]

$$\theta = \frac{\sum_{i=1}^{n}|\Delta_i|}{n} = \frac{\sum_{i=1}^{n}|x_i - x_0|}{n} \qquad (1\text{-}39)$$

式中　　θ——平均误差；

　　　$|\Delta_i|$——真误差的绝对值；

　　　x_i——为第 i 次测量值；

　　　x_0——真值；

　　　n——观测数。

若在一组等精密度测量中，有 n 个测量数据，其误差符合正态分布，则

$$\sum_{i=1}^{n}|\Delta_i| = n\sigma\sqrt{\frac{2\sigma}{n}} = 0.7979\sigma \qquad (1\text{-}40)$$

式中　　σ——为标准误差。

也就是说，平均误差 θ 与标准误差 σ 之间有确定的比例关系，当测量列的测量次数很多时，平均误差也趋于一定值。由对服从正态分布的偶然误差来讲，其置信概率 P_r 与置信区间 A 之间满足

$$P_r\{-t, t\} = \sqrt{\frac{2}{\pi}} \int_0^t \exp\left[-\left(\frac{x}{\sqrt{2}}\right)^2\right] dx \qquad (1\text{-}41)$$

式中　　P_r——为置信概率；

　　　A——置信区间。

其中 $t = A/\sigma$ 或 $A = t\sigma$。

因此当取 $A = \theta$ 时，$t = \dfrac{\theta}{\sigma} = 0.7979$ 通过拉普斯拉积分表，找出 $t = 0.7979$ 时，$P_r = 0.575$。说明，在进行等精密度的重复测量时，所获得的 n 个数据中，将有 57.5% 的误差的绝对值不大于 θ。

同样，当测量结果用平均误差来表示时

$$x = \bar{x} \pm \theta_{\bar{x}} \qquad (1\text{-}42)$$

$\left(\text{其中 } \theta_{\bar{x}} = \dfrac{\theta}{\sqrt{n}}\right)$ 其置信度也是 57.5%。

但由于真值是未知的，因而通常是用标准偏差 S_x 来估计标准误差 σ 的，故同样可根据误差的定义 $\Delta_i = x_i - x_0$ 和偏差的定义 $v_i = x_i - \bar{x}$ 推导出偏差与误差之间的关系，从而得出平均值的平均偏差为：

$$\theta'_{\bar{x}} = \frac{\sum_{i=1}^{n} |x_i - \bar{x}|}{n\sqrt{n-1}} = 0.7979 S_{\bar{x}}$$

测量结果
$$x = \bar{x} \pm \theta_{\bar{x}} \tag{1-43}$$

其置信度也应为 57.5%。[$\theta'_{\bar{x}}$ 是为了与（1-43）式中 $\theta_{\bar{x}}$ 区别]。上式是指在测量次数很多的情况下，如果测量次数减少，测量平均值的误差一般遵守 t 分布，因此测量结果应表示成：

$$x = \bar{x} \pm t'_a \theta'_{\bar{x}} \tag{1-44}$$

最终可得：

$$\frac{t'_a}{t_a} = \frac{S_{\bar{x}}}{\theta'_{\bar{x}}} = \frac{1}{0.7979} = 1.253$$
$$t'_a = 1.253 t_a \tag{1-45}$$

说明在同样大小的置信度下，置信系数 t'_a 比 t_a 大。同时也说明，在相同的置信概率下，用标准偏差和用平均偏差来表示测量结果的误差都是相同的。

2. 若当 σ 已知时，$P_r = 0.997$ 时，我们将置信概率为 99.7% 时的置信区间 $\delta_{max} = 3\sigma$ 称为极限误差，即

$$\delta_{max} = 3\sigma \tag{1-46}$$

同样，平均值的标准误差的极限误差为

$$\delta_{max}(\bar{x}) = \frac{1}{\sqrt{n}} \delta_{max} = 3\sigma_{\bar{x}} \tag{1-47}$$

式中　δ_{max} ——极限误差；

$\delta_{max}(\bar{x})$ ——平均值的标准误差的极限误差。

当 δ 未知时，我们可以通过求标准偏差来估计标准误差。由于 $\bar{S}_x$ 与 $\sigma_{\bar{x}}$ 具有相同的置信度，因此，极限误差

$$\delta_{max}(\bar{x}) = 3 S_{\bar{x}} \tag{1-48}$$

但如果测量次数不多，这时的平均值的标准误差的极限误差为 $\delta_{max}(\bar{x}) = t_a S_{\bar{x}}$（$P_r = 0.997 n =$）

同样，使用平均偏差，平均值的标准误差的极限误差表示为 $\delta_{max}(\bar{x}) = t'_a \eta_{\bar{x}}$　（$P_r = 0.997 n =$）

如有：$n=12$，$\bar{x} = 1.384$ cm，$\theta_{\bar{x}} = 0.005$ cm。则由 $x = \bar{x} \pm t'_x \theta^-$ 或 $x = \bar{x} \pm 1.253 t_a \theta_{\bar{x}}$，对于 $P_r = 0.997$，$t_a = 3.6$，由此求出平均值的标准误差的极限误差：　$\delta_{max}(\bar{x}) = t'_x \theta_{\bar{x}} = 1.253 t_{0.997} \theta_{\bar{x}} = 0.022$ cm

第五节　粗　大　误　差

下面将主要介绍粗大误差的定义和特征，并分别分析判别粗大误差的四种方法的特点，

通过综合归纳给出应用这些判别准则的建议，介绍常用的几种剔除粗大误差的方法，并对这些方法进行讨论。

一、粗大误差的定义及来源

在一列重复测量数据中，如有个别数据与其他数据有明显差异，则它（或它们）很可能含有粗大误差（简称粗差），称其为可疑数据 x_d。根据偶然误差理论，出现粗大误差的概率虽小，但也是可能的。因此，如果不恰当地剔除含粗大误差的数据，会造成测量精密度偏高的假象。反之，如果对混有粗大误差的数据（即异常值），未加剔除，必然会造成测量精密度偏低的后果。以上两种情况还都严重影响对 $\bar{x}$ 的估计。因此，对数据中异常值的正确判断与处理，是获得客观的测量结果的一个重要问题。

在测量过程中，确实是因读错记错数据，仪器的突然故障，或外界条件的突变等异常情况引起的异常值，一经发现，就应在记录中除去，但需注明原因。这种从技术上和物理上找出产生异常值的原因，是发现和剔除粗大误差的首要方法。有时，在测量完成后也不能确知数据中是否含有粗大误差，这时可采用统计的方法进行判别。统计法的基本思想是：给定一个显著性水平，按一定分布确定一个临界值，凡超过这个界限的误差，就认为它不属于偶然误差的范围，而是粗大误差，该数据应予以剔除。由此可见，粗大误差是明显超出规定条件下预期的误差，也称为疏忽误差或粗差。引起粗大误差的原因有：错误读取示值，使用有缺陷的测量器具，测量仪器受外界振动和电磁等干扰而发生的指示突跳等都属于粗大误差（不称粗差）。是否存在粗大误差是衡量该测量结果合格与否的标志。含有粗大误差的测量值是不能用的，因为它会明显地歪曲测量结果，从而导致错误的结论，故这种测量值也称为异常值（坏值）。所以，在进行误差分析时，要采用不包含粗大误差的测量结果，即所有的异常值都应当剔除。因此，计量工作人员必须以严格的科学态度，严肃认真地对待测量工作，杜绝粗大误差的产生。

二、粗大误差的判别方法

如果在一组测量数据中，某个别数据与其他数据相比差别很大，则可认为它可能是粗差，但我们不能简单地依此进行粗差的判别，因为有些数据的突变恰恰反映了测试过程中所引起特别注意的一些特殊情况。因此，判定测试数据中是否存在粗差需按以下几种方法进行：$\pm3\sigma$ 或 $\pm4\sigma$ 界限法、肖维勒法、格拉布斯法、t 检验法（罗蒙诺夫斯基法）和狄克逊判别法。下面将对几种判别粗差的方法分别予以介绍。

（一）$\pm3\sigma$ 或 $\pm4\sigma$ 界限判定法（拉依达准则）

由于多数测试误差都呈正态分布，假设试验数据 X 总体服从正态分布，即 $X \sim N(\mu, \sigma^2)$。当随机变量总体符合正态分布规律时，取误差限为 $[-\sigma, \sigma]$ 时，置信概率为 68.27%；取误差限为 $[-2\sigma, 2\sigma]$ 时，置信概率为 95.45%；取误差限为 $[-3\sigma, 3\sigma]$ 时，置信概率为 99.73%。就是说，在误差限为 $[-3\sigma, 3\sigma]$ 的情况下，偶然误差仅有 0.27% 的可能越出界限，这种小概率在有限次的试验测量中可以看作是不可能出现的事件，称为不可能事件。

假设偶然误差服从正态分布，测量次数无穷大，则偶然误差 $\varepsilon > 36$ 的概率只有 0.27%，即在试验数据中出现大于 $\mu+3\sigma$ 或小于 $\mu-3\sigma$ 数据点的概率很小。所以一般将 3σ 作为测量总体的误差限，即各次测量的偶然误差的绝对值不大于 3σ。

在实际的测量列中，测量次数总是有限的。这时，用残差 V 作为偶然误差的估计值，样本标准差 σ 作为总体标准差的估计值。

拉依达准则（Pauta Criterion）的基本思想是：对某物理量进行 n 次重复测量，得到的测量数据列 $A_1, A_2, \cdots, A_n$ 中，凡是偶然误差 $\varepsilon_i = |A_i - \overline{A}|$，当 $\varepsilon_i > 3\sigma$ 或 $\varepsilon_i < -3\sigma$ 的实验数据 A_i 均为坏值，并作为异常数据予以剔除。此时犯"弃真"错误的概率最大为 0.27%。

用拉依达准则判断测量数据列中坏值的具体步骤如下：

（1）求取测量列的算术平均值 $\overline{A}$ 和标准差 σ。

（2）找出测量数据列的最大残差 $|V_{\max}|$（以下简称最大残差）。

（3）比较 $|V_{\max}|$ 与 3σ 的大小。

若满足
$$|V_{\max}| > 3\sigma \tag{1-49}$$

则认为最大残差 $|V_{\max}|$ 所对应的测量数据异常，应从数据列种剔除；如 $|V_{\max}| \leqslant 3\sigma$，认为最大残差 $|V_{\max}|$ 所对应的测量数据正常，数据列中没有坏值。

（4）剔除一个异常数据后，数据列总数变为 $n-1$ 个。重新计算新数据列的算术平均值、标准差和最大残差，再继续按式（1-49）判断剩余数据有无坏值。重复以上过程直至无坏值时为止。由于标准差的计算公式为

$$\sigma\sqrt{n-1} = \sqrt{\sum_{i=1}^{n} V_i^2} \tag{1-50}$$

则有
$$\sigma\sqrt{n-1} \geqslant |V_i| \quad (i = 1, 2, \cdots, n) \tag{1-51}$$

当 $n = 10$ 时，有 $|V_i| \leqslant 3\sigma$，即当测量次数 $n < 10$ 时，所有测量值的残差都小于 3σ，此时用拉依达准则不能判断测量列中有无坏值。可见，只有测量次数足够多时，才能应用拉依达准则。

（二）肖维勒判别法

当重复测量次数不多时，对于正态分布的偶然误差，其一组残差出现在 $\pm 3\sigma$ 界限上的概率很小，同时按其少量数据统计的 σ 值本身也存在误差，所以不宜采用 $\pm 3\sigma$ 或 $\pm 4\sigma$ 界限判定法剔除粗大误差，一般都采用可靠性准则，即肖维勒法来剔除粗大误差。该准则认为，在 n 次重复测量中若发生一次粗大误差，则它出现在各次测量中的可能性与出现正常误差的可能性相等。根据等可靠性准则，每次测量中出现粗差的概率为 $1/2$，而 n 次重复测量中出现一个粗差的概率为 $1/n \times 1/2$，换句话说，在 n 次重复测量中，出现一个概率小于 $1/2n$ 的误差即可认为是粗差 x_d。对于正态分布的偶然误差其残差超出概率为 $1 - 1/2n$ 所对应的界限，即可视为粗大误差界限。在用肖维勒法进行粗差判别时首先要用到肖维勒系数表，如表 1-6 所示。

表 1-6　肖维勒系数表

n	$k = \varepsilon_0/\sigma$	n	$k = \varepsilon_0/\sigma$	n	$k = \varepsilon_0/\sigma$
3	1.38	13	2.07	23	2.30
4	1.53	14	2.10	24	2.31
5	1.65	15	2.13	25	2.33
6	1.73	16	2.15	30	2.39
7	1.80	17	2.17	40	2.49
8	1.86	18	2.20	50	2.58
9	1.92	19	2.22	75	2.71
10	1.96	20	2.24	100	2.81
11	2.00	21	2.26	200	3.02
12	2.03	22	2.28	500	3.29

表中 n 为测量次数；σ 为均方根误差；k 为肖维勒系数；ε_0 是用来判别是否存在粗差的参考值。假设剩余误差为 V_i，当剩余误差 $V_i > \varepsilon_0$ 时，说明所对应的数据中含有粗差。$\varepsilon_0 = k\sigma$，知道 k 和 σ 即可求出 ε_0。

（三）格拉布斯判别法

格拉布斯判别法是一种与用 t 检验法判定粗差相似的方法，所不同的是在求数列的算术平均值 $\overline{A}$ 和均方根误差 σ 时，含有粗差的 V_i 也包含在内，而后，根据置信系数 α 与测量次数 n，在格拉布斯系数表中查到格拉布斯系数 $\lambda(\alpha, n)$，当某一剩余误差 $V_i = \lambda\sigma$ 时，则说明相应的测量值 A_j 含有粗差。

然后再重新计算，再判断是否还存在含有粗差的数据。格拉布斯系数表如表 1-7 所示。

表 1-7　格拉布斯系数表

n	$\lambda(\alpha, n)$		n	$\lambda(\alpha, n)$		n	$\lambda(\alpha, n)$	
	$\alpha = 0.01$	$\alpha = 0.05$		$\alpha = 0.01$	$\alpha = 0.05$		$\alpha = 0.01$	$\alpha = 0.05$
3	1.15	1.15	12	2.55	2.09	21	2.61	3.58
4	1.49	1.46	13	2.61	2.33	22	2.94	2.60
5	1.75	1.67	14	2.66	2.37	23	2.96	2.62
6	1.94	1.82	15	2.70	2.41	24	2.99	2.64
7	2.10	1.94	16	2.74	2.44	25	3.01	2.74
8	2.22	2.03	17	2.78	2.47	30	3.10	2.74
9	2.32	2.11	18	2.82	2.50	35	3.18	2.81
10	2.41	2.18	19	2.85	2.53	40	3.24	2.87
11	2.48	2.24	20	2.88	2.56	50	3.34	2.96

【例 1-16】 在正常生产条件下，取得 18 个块煤数据，平均灰分 $\overline{x} = 21.2\%$，标准差 $S = 1.2\%$，其中有一个可疑值 25.9%，不知可舍弃否？

解： 由题意知，应用格拉布斯判别法。

查表 1-7：
$$\lambda_{(\alpha, n)} = \lambda_{(0.05, 18)} = 2.50$$

$$|x_d - \overline{x}| = |25.9 - 21.2| = 4.7 \quad \therefore |x_d - \overline{x}| = 4.7 > \lambda_{(0.05, 18)}$$

故数据 25.9% 为异常数据，应予舍弃。

（四）t 检验判别法

以上粗差界限中的均方根误差 σ 都应为大量重复测量下的统计值，因而不宜用于重复测量较少的情况，在通常的多次（$n = 5 \sim 20$）重复测量中，统计所得的平均值及均方根误差本身就具有随机性波动，因而在少量重复测量的情况下，按 t 分布的实际分布范围来确定粗大误差界限较合理。

t 分布的实际分布范围与其重复测量次数以及其可靠性有关，因而按此确定的粗大误差界限亦取决于所要求的可靠性与重复测量的次数。

设测得的一组数据 $A_i(i = 1, 2, 3, \cdots, n)$，若对其中数据 A_j 有怀疑，认为可能含有粗差，则求出不含有 A_j 的算术平均值 $\overline{A}$，即

$$\overline{A} = \frac{\sum\limits_{\substack{i=1 \\ i \neq j}}^{n} A_i}{n-1} \tag{1-52}$$

计算出不包含 $V_j = (A_j - \overline{A})$ 的数列均方根误差 σ

$$\sigma = \frac{\sum\limits_{\substack{i=1 \\ i \neq j}}^{n} A_i^2}{n-1} \tag{1-53}$$

然后根据一定的置信系数 $P(1-\alpha)$ 和测量次数 n，从 t 检验系数 $P(\alpha,n)$ 中查出系数 $k(\alpha,n)$ 的数值，若

$$A_j - \overline{A} > k(\alpha,n) \tag{1-54}$$

则认为 A_j 含有粗差，应舍弃；否则，予以保留。t 检验系数 $k(\alpha,n)$ 表，见表 1-8。

表 1-8 t 检验系数 k (α, n) 表

n	$\lambda(\alpha,n)$		n	$\lambda(\alpha,n)$		n	$\lambda(\alpha,n)$	
	$\alpha = 0.01$	$\alpha = 0.05$		$\alpha = 0.01$	$\alpha = 0.05$		$\alpha = 0.01$	$\alpha = 0.05$
4	11.46	4.97	13	3.23	2.29	22	2.91	2.14
5	6.53	3.56	14	3.17	2.26	23	2.90	2.13
6	5.04	3.04	15	3.12	2.24	24	2.88	2.12
7	4.36	2.78	16	3.08	2.22	25	2.86	2.11
8	3.96	2.62	17	3.04	2.20	26	2.85	2.10
9	3.71	2.51	18	3.01	2.18	27	2.84	2.10
10	3.54	2.43	19	3.00	2.17	28	2.83	2.09
11	3.41	2.37	20	2.95	2.16	29	2.82	2.09
12	3.31	2.33	21	2.93	2.15	30	2.81	2.08

（五）狄克逊判别法

狄克逊判别法是一种应用极差比来判别粗差的方法，具体做法如下。首先将在同一条件下对某一参数独立的重复测量结果 A_i ($i=1$, 2, $\cdots$, n)（要求这些数据服从正态分布）重新按数值大小排列，得到：

$$A'_1 < A'_2 < \cdots < A'_n \tag{1-55}$$

若对最大值 A'_n 有怀疑时，则可按狄克逊系数表（见表 1-9）中给出的不同的测量次数 n 时使用不同的极差比 R_2 公式进行计算。若计算出的 $R_2 > f(\alpha,n)$，则 A'_n 应舍弃。$f(\alpha,n)$ 从狄克逊系数表可查到，其中 $\alpha = 1 - P$，P 为置信系数，n 为测量次数。

若对最小值 A'_1 有怀疑时，仍按狄克逊系数表（见表 1-9）中给出的不同的测量次数 n 时使用不同的 R_1 公式进行计算。若计算出的 $R_1 > f(\alpha,n)$，则 A'_1 应舍弃。$f(\alpha,n)$ 从狄克逊系数表可查出，见表 1-9。

（六）粗差判别实例

为说明粗差判别方法，本文给出一个具体实例来帮助读者掌握各种方法的使用。

[例 1-17] 如何采用不同的粗差判别方法，来分析某一测量电压数列：

220，225，230，215，220，215，225，210，220，220，210，215，225，220，220，215，225，200，220，350

表 1-9　狄克逊系数 $f(\alpha, n)$ 及 R 计算公示表

n	$f(\alpha,n)$		R 的计算公式	
	$\alpha = 0.01$	$\alpha = 0.05$	R_1 计算公式 （A_1 可疑时）	R_2 计算公式 （A_n 可疑时）
3	0.998	0.941		
4	0.889	0.765	$R_1 = \dfrac{A_2 - A_1}{A_n - A_1}$	$R_2 = \dfrac{A_n - A_{n-1}}{A_n - A_1}$
5	0.780	0.642		
6	0.698	0.560		
7	0.637	0.507		
8	0.683	0.554		
9	0.635	0.512	$R_1 = \dfrac{A_2 - A_1}{A_{n-1} - A_1}$	$R_2 = \dfrac{A_n - A_{n-1}}{A_n - A_2}$
10	0.597	0.477		
11	0.679	0.576		
12	0.642	0.546	$R_1 = \dfrac{A_3 - A_1}{A_{n-1} - A_1}$	$R_2 = \dfrac{A_n - A_{n-2}}{A_n - A_2}$
13	0.615	0.521		
14	0.641	0.546		
15	0.616	0.526		
16	0.595	0.507		
17	0.577	0.490		
18	0.561	0.475		
19	0.547	0.462	$R_1 = \dfrac{A_3 - A_1}{A_{n-1} - A_1}$	$R_2 = \dfrac{A_n - A_{n-2}}{A_n - A_3}$
20	0.535	0.450		
21	0.524	0.440		
22	0.514	0.430		
23	0.505	0.421		
24	0.497	0.413		
25	0.489	0.406		

解：（1）$\pm 3\sigma$ 或 $\pm 4\sigma$ 界限判定法

求其算术平均值

$$\overline{A} = \frac{\sum\limits_{i=1}^{n} A_i}{n} = \frac{\sum\limits_{i=1}^{20} A_i}{20} = 225$$

求其相应的 V_i，并计算其均方根误差

$\sigma = 30 \quad 3\sigma = 90 \quad V_i = |A_i - \overline{A}|, V_{20} = |A_{20} - \overline{A}| = |350 - 225| = 125$

因 $V_i = 125 > 3\sigma$，故 A_{20} 应舍弃，舍弃后需重新计算数列的均方根误差

$$\sigma^2 = \sqrt{\frac{\sum\limits_{\substack{i=1 \\ i \neq k}}^{n} V_i}{n - 2}}$$

并以 $3\sigma^2$ 作为新的标准检查是否还含有粗差的数据。

（2）肖维勒判别法

根据测量次数 $n=20$ 从肖维勒系数表中找出相应的 $k=2.24$，再利用公式

$$\varepsilon_0 = k\sigma = 2.24 \times 30 = 67.2$$
$$V_{20} = |A_{20} - \overline{A}| = |350 - 225| = 125$$

由 $V_{20} = 125 > \varepsilon_0 = 67.2$，所以认为对应的数据 $A_{20} = 350$ 含有粗差，应该舍弃。

（3）格拉布斯判别法

按前面给出的格拉布斯判别法的步骤进行计算，取置信系数 $P=95\%$，则 $A=5\%$ 又 $n=20$，可以从格拉布斯系数 $\lambda(\alpha, n)$ 表中查到格拉布斯系数 $\lambda = 2.56$，则

$$\lambda\sigma = 2.56 \times 30 = 76.8$$
$$V_{20} = |A_{20} - \overline{A}| = |350 - 225| = 125$$

因 A_{20} 的剩余误差 $V_{20} = 125$，$V_{20} > \lambda\sigma$，故 $A_{20} = 350$ 这一数据应舍弃。

（4）t 检验法判别

根据 t 检验法判别的步骤，先求出不包含可能含有粗差的 A_{20} 的算术平均值 $\overline{A}'$

$$\overline{A}' = \frac{\sum\limits_{i=1}^{19} A_i}{20-1} = 218.42$$

计算出数列不包含 $V_{20} = A_{20} - \overline{A}'$ 的均方根误差 σ'，则

$$\sigma' = \sqrt{\frac{\sum\limits_{i=1}^{19} V_i^2}{20-2}} = 6.88$$

取置信系数 $P=95\%$，则 $\alpha = 5\%$，又 $n=20$，即可从 t 检验系数表 1-8 中查到系数 k $(0.05, 20) = 2.16$

因 $A_{20} - \overline{A} = 131.58$

$$\sigma' = 14.86$$

即 $A_{20} - \overline{A} > k(0.05, 20)\sigma^2$

则认为 A_{20} 含有粗差，应该舍弃。

（5）狄克逊判别法

按狄克逊粗差判别的要求，首先对数据按数值大小重新排列，得到 200，210，210，215，215，215，220，220，220，220，220，220，220，225，225，225，225，230，350，若对 $A_{20} = 350$ 怀疑时，可根据狄克逊系数表中 $R_2 = \dfrac{A_{20} - A_{20-2}}{A_{20} - A_3}$ 进行计算。因 $n=20$，则

$$R_2 = \frac{A_{20} - A_{20-2}}{A_{20} - A_3} = \frac{350 - 225}{350 - 210} = 0.893$$

当 $n=20$，取 $\alpha = 0.05$ 时，从表 1-9 查到 $f(0.05, 20) = 0.450$，因 $R_2 = 0.893$，f $(0.05, 20) = 0.450$，所以 A_{20} 应舍去。对给定的同一组数据，利用不同的粗差判别方法得到的结果可能不一致，这是可能的。如下面给出的一组数据 133，133，134，134，145，读者不妨自己进行一下判别，就会发现存在这种情况。这是因为各种粗差判别方法的精度不一致，而且数据又比较临界。

（七）消除粗大误差

1. 实验过程中消除

要防止和消除粗大误差，除了设法从测量结果中及时发现、及时剔除以外，最重要的是加强学生在做实验时的认真细致程度，当发现有错误时，必须将这些测量结果剔除，直到外界条件恢复正常或重新调整仪器后，再进行测量，避免产生粗大误差。

此外，要及时发现粗大误差，可以在相同或不同的测量条件下，或者采用不同的工具、测量方法进行复测，以便校核。为了避免误读或误记，可由两个同学同时测量、读数和记录。一般来说，如果能做到以上几点，就可以及时发现、及时防止粗大误差的产生。但是，有些粗大误差，直到测量结束也无法确定在哪一个测量值中存在，这时就必须根据误差理论，进行测量数据处理。

2. 理论上判别和消除

剔除粗大误差不能凭主观臆断，应根据判断粗大误差的准则予以确定。判断粗大误差常用拉依达准则（又称 3σ 准则）。该准则的依据主要来自偶然误差的正态分布规律。从偶然误差的特性中可以知道，测量误差愈大，出现的概率愈小，剩余误差的绝对值超过 $\pm 3\sigma$ 的概率仅为 0.27%，即在 370 次测量中约有一次的剩余误差会超过 3σ，而一般的测量次数最多也不过几十次，可以认为剩余误差超过 3σ 的小概率事件是不会发生的。因此，一旦出现超过 3σ 的剩余误差，即可看作不服从偶然误差正态分布规律的粗大误差，应从测量值中剔除。

3. 粗大误差的计算机辅助消除方法

上述的运算过程需要大量繁琐重复的计算，且易出现运算错误，如果利用计算机辅助计算，可使这一过程变得非常简单且可靠性大为提高。程序的设计思想就按上述理论要求进行，在界面上设置四个命令按钮，它们是"输入数据"、"计算"、"打印"和"结束"按钮。"计算"按钮控件的程序代码内容为：（1）计算测量值、算术平均值、剩余误差、标准偏差；（2）粗大误差剔除。误差分析程序框图见图1-5。

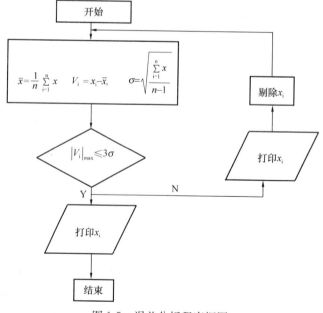

图1-5　误差分析程序框图

[**例 1-18**] 等精度测某轴径 15 次，数据见表 1-10，试判断测量结果是否存在粗大误差。

解：（1）输入 15 次的测量数值；

（2）计算算术平均值 $\overline{x}$ 和剩余误差 V_i

$$\overline{x} = \frac{1}{n}\sum_{i=1}^{n} x_i = 20.40\text{mm}$$

$$V_i = x_i - \overline{x}$$

经程序运行，计算出 $\overline{x}$ 和 V_i，具体计算结果见表 1-10。

表 1-10　计算结果

测量结果 x_i	剔除粗大误差前		剔除粗大误差后	
	剩余误差 $V_i = x_i - \overline{x}$	剩余误差的平方 V_i^2	剩余误差 $V_i = x_i - \overline{x}$	剩余误差的平方 V_i^2
20.42	+0.016	0.000256	+0.009	0.000081
20.43	+0.026	0.000676	+0.019	0.000361
20.40	−0.004	0.000016	−0.011	0.000121
20.43	+0.026	0.000676	+0.019	0.000361
20.42	+0.016	0.000256	+0.009	0.000081
20.43	+0.026	0.000676	+0.019	0.000361
20.39	−0.014	0.000196	−0.021	0.000441
23.30	−0.104	0.010816	—	—
20.40	−0.004	0.000016	−0.011	0.000121
20.43	+0.026	0.000676	+0.019	0.000361
20.42	+0.016	0.000256	+0.009	0.000081
20.41	+0.006	0.000036	−0.001	0.000001
20.39	−0.014	0.000196	−0.021	0.000441
20.39	−0.014	0.000196	−0.021	0.000441
20.40	−0.004	0.000016	−0.011	0.000121

（3）计算剩余误差的极限变动范围 $\pm 3\sigma$

$$\sigma \approx \sqrt{\sum_{i=1}^{n} V_i^2/(n-1)} = 0.0326\text{mm}$$

$$\pm 3\sigma = \pm 3 \times 0.032 = \pm 0.096\text{mm}$$

将 15 个测量值的剩余误差 V_i 与 $\pm 3\sigma$ 相比可见，第 8 个剩余误差超出 $\pm 3\sigma$ 的范围，属于粗大误差，应当剔除。

$$V_8 = 0.0104 > 3\sigma = 0.096$$

（4）剔除具有粗大误差的测得值 V_8 以后，程序重复进行上述步骤，计算其余 14 个测量值的算术平均值 x'、剩余误差 V'_i 和标准误差 σ'

$$x' = 20.411\text{mm}，V'_i = x_i - x'，\sigma' = 0.016\text{mm}，\pm 3\sigma' = \pm 0.048\text{mm}$$

与 $\pm 3\sigma'$ 相比可见，V'_i 均在 $\pm 3\sigma'$ 的范围内。因此认为这些测量值中已不存在粗大误差。

综上所述，$\pm 3\sigma'$ 准则简单易行，用起来方便，无需查表。如果借助计算机辅助分析，就可以准确、快速地判断测量数据中是否存在粗大误差并可将其剔除。但缺点是没有考虑测量次数的影响，因此精度不高。当测量次数小于 10 时，该准则基本无效，应采用其他准则如肖维勒准则。

第六节 系 统 误 差

用物理实验研究各种物理规律时，常需要定量地测出有关物理量，而每个物理量都是客观存在的，在一定的条件下具有不以人的意志为转移的真值。但是测量是依据一定的理论或方法，使用一定的仪器，在一定的环境中，由特定的人进行的。而由于实验理论的近似性、实验仪器的灵敏度和分辨能力的局限性、环境的不稳定性等因素的影响，真值是不可能得到的，也就是说得到的值是有误差的。按照对测得值影响的性质，实验数据中，三类误差（系统误差、偶然误差和粗大误差）是混杂在一起出现的，必须分别讨论其规律，以便采取相应的措施去减少误差。其中偶然误差理论是在假设系统误差不存在的前提下建立起来的，然而实际测量中系统误差总是或大或小地存在着。若观测者不能发现影响测量结果的系统误差，测量将是不可信的，因此随着测量技术的发展，研究系统误差理论就显得越来越重要了。

一、系统误差的定义和来源

在同一条件下（方法、仪器、环境和观测人不变），多次测量同一量时，符号和绝对值保持不变的误差；或按某一确定的规律变化的误差叫系统误差。通称前者为定值系统误差，后者为变值系统误差。系统误差按其掌握程度又可分为已定系统误差（误差符号和绝对值已知）、未定系统误差（误差符号和绝对值未知）两种。

系统误差的来源有以下几个方面：

（1）仪器误差：这是所用量具或装置不完善，以及仪器没有调整到理想使用状态（如不垂直、不水平、零点没有对准等）所引起的误差。

（2）环境误差：这是由于各种环境因素（如光照、温度、湿度、电磁场等）与要求的标准条件不一致引起的误差。如要求在 20℃ 温度下使用的标准元件在 30℃ 温度下使用，磁电式仪表附近有强磁场存在等均会引起环境误差。

（3）方法误差：方法误差也称理论误差，是由于实验方法本身及测量所依据的理论公式本身的近似性；或在测量过程中实际起作用的一些因素在测量结果的表达式中没有得到反映所造成的。下面举例说明：

① 用单摆测重力加速度的理论公式 $g = 4\pi^2 \dfrac{L}{T^2}$（$L$ 为摆长，T 为周期），是作了摆角 $Q \approx 0$，摆球体积 $V \approx 0$ 的近似得出的。而在实际测量中 $Q \neq 0, V \neq 0$，因此用该公式测量重力加速度 g，必然要产生理论误差。

② 接入误差（或称线路误差）：是由于没有把接线电阻、接触电阻、仪表内阻以及交流实验中的分布电容、电感等因素反映在测量结果的公式中而产生的。如伏安法测电阻，若不考虑电表内阻影响，定会引进理论误差。

③ 灵敏度误差：因为仪器灵敏度是其结构的函数，所以在设计制造仪器时，总是使仪

器灵敏度误差与仪器准确度相匹配。因此使用一台完好的仪器，并在仪器所要求的使用条件下测量时，可以不必顾虑仪器灵敏度误差问题。如用箱式电桥测电阻时，若电桥灵敏度满足原设计要求，测量结果应表示成 $R_x = R(1 \pm \alpha\%)$，α 为电桥准确度等级；若电桥灵敏度低于原设计要求，则测量结果应表示成 $R_x = R\left[1 \pm \left(\alpha\% + \dfrac{0.1}{s}\right)\right]$，其中 $0.1/s$ 为电桥灵敏度误差。

④ 人员误差：这是由于观测人的感觉器官或运动器官不完善引入的误差，此种误差因人而异，并与个人当时的精神状态密切相关。如记录某一信号时，观测者滞后或超前的倾向；对准标志读数时，总是习惯偏左或偏右等。

综上所述，系统误差的出现是有规律的，其产生的原因往往是可以掌握的。因此判断者应该在测量前研究产生系统误差的各种因素，以便尽可能消除其影响。

二、发现系统误差

发现系统误差必须从系统误差的来源着手，如仔细研究实验方法和测量所依据的理论公式的完善性；校准仪器；分析实验条件和每一步测量是否符合要求等。实际上通常采用"理论分析"与"对比测量"两种方法进行。

（一）理论分析法

（1）分析测量理论公式所要求的条件在测量中是否被满足。

（2）分析仪器所要求的使用条件是否已达到。例如在使用 U25 型电位差时，若环境湿度不为 20℃，必然要产生环境误差。

（二）对比测量法

1）实验方法与测量方法的对比：用不同的实验方法测量同一被测量，若测得的结果在偶然误差容许范围内不重合，就说明其中至少有一种或几种测量中存在系统误差。同一种实验方法，有时改变测量方法也可以发现系统误差。如在霍尔效应实验中改变通过霍尔片的电流方向进行测量，可以发现不等电位差时的系统误差。

2）仪器的对比：一个被测量用不同的仪器进行测量可以发现仪器的系统误差，其中有一个是标准仪器，则可以得出另一个仪器的修正值。

3）改变实验参数进行对比：例如在 RLC 暂态实验中，用 ST-16 型示波器观察波形并测量时间，电路中 L 取 100mH、C 取 $0.001\mu F$ 来观察 RLC 电路的暂态过程。结果测得的临界电阻远小于理论值，这说明测量中存在系统误差。为了寻找系统误差来源，我们可以改变 C 值（C 取 $0.001\mu F$、$0.01\mu F$、$0.1\mu F$）进行测量，比较测量结果，发现当 $C=0.1\mu F$ 时，实验值与理论值符合最好，这说明实验电路中存在较大的分布电容影响测量结果，最后查出示波器输入线的分布电容约为 750pF，引入修正值后得到了较好的测量结果。

4）换人进行测量可以发现人员误差：变值的系统误差可以由重复多次测量发现，也可以通过数据分析的方法来发现变值的系统误差。

（1）马利科夫判据

马利科夫判据是判别有无累进性系统误差的常用方法。把 n 个等精度测量值所对应的残差按测量先后顺序排列，把残差分成两部分求和，再求其差值 D。若 D 近似等于零，则上述测量数据中不含累进性系统误差，若 D 明显地不等于零（与测量值值相当或更大），则说明上述测量数据中存在累进性系统误差。

（2）阿贝-赫梅特判据

通常用阿贝-赫梅特判据来检验周期性系统误差的存在。把测量数据按测量顺序排列，将对应的残差两两相乘，然后求其和的绝对值，再与实验标准方差比较，若式（1-56）成立，则可认为测量中存在周期性系统误差。即

$$\left|\sum_{i=1}^{n-1} V_i V_{i+1}\right| > \sqrt{n-1}\,\sigma^2 \tag{1-56}$$

三、消除系统误差的方法

系统误差的特点是测量结果向一个方向偏离，其数值按一定规律变化，具有重复性、单向性特点。针对其固有的规律性，国内外许多学者都提出了解决这种误差处理的方法，主要有如下几种：

（一）从误差的来源上消除系统误差

这就是对测量过程中可能产生系统误差的各种原因进行周密分析，采取相应措施在测量之前就给予消除。例如：

1. 调整误差的消除

严格按照规定的条件尽可能保证仪器在最佳状态下工作。如分析天平、导轨、分光计等仪器工作前应调水平或共轴；指针类仪表事先应调准零位，测量后还应检查零位是否正确；对于电子类仪器，测量前应开机预热、校准，并保证工作电压和环境条件符合要求。

2. 个人误差的消除

通过反复实践，从提高实验水平和操作技能上消除误差。如操作停表时，有超前或滞后习惯者，应多练习控制，并与反应较灵敏的实验者同时操作，对比测量结果，逐步摸索出自己的规律；对读取指针类仪表示值姿势有不正确习惯者，尽量采用带反光镜的仪表。

3. 理论误差的消除

尽量满足实验依据的公式中的约束条件，若某些条件难以满足，应根据实际情况对公式进行必要的修正。例如：用单摆测重力加速度所依据的公式为：

$$g = 4\pi^2 \frac{L}{T_0^2} \tag{1-57}$$

式中　L——球心到悬点间的距离，m；

　　　T_0——理想单摆的周期，s。

而实际单摆的金属小球的大小和质量分布及悬线的质量不可忽略时，则上式应改为：

$$G = \frac{4\pi^2 L\left[1+\left(\frac{d}{L}\right)^2 \frac{1}{10}-\frac{\mu}{6m}\right]^{0.5}}{T} \tag{1-58}$$

式中　d——小球直径，m；

　　　μ——悬线的质量，g；

　　　m——小球的质量，g；

　　　T——实际单摆的周期，s。

4. 方法误差的消除

对同一测量量，可人为地选取更有效的测量原理和仪器，或采用不同的方法得出更可靠的结果。例如：根据补偿法原理采用电位差计测电动势的方法，比用电表法测量的结果可靠

得多；用电桥法比用欧姆表测得电阻的阻值更为准确。又如用"节点法"比用"自准法"测得透镜的焦距更为可靠。

由于仪器结构和工艺上的不完善所造成的误差，一般只能通过测量技术来减少测量结果的系统误差。

（二）应用测量技术消除系统误差的方法

1. 对换测量法

就是将测量中的某些条件（例如被测物的位置）相互交换，使产生系统误差的原因对测量结果起反作用，从而抵消系统误差。例如，用滑线电桥测电阻时，互换被测电阻与标准电阻的位置再测量；焦距测量实验中将屏与物的位置互换再进行测量。

2. 替代法

即在一定的条件下，用某一已知量替代被测量，以达到消除系统误差的目的。例如，用天平称量物体的质量时，先将被测物与媒介物分别置于天平的砝码盘与物盘上，并增减媒介物的量，使之平衡，然后取下待测物，代之以砝码，调节砝码量使天平重新平衡。这时可得出待测物体的质量等于砝码的质量。由于平衡是在同一砝码盘上进行，与天平的等臂与否无关，可消除了天平不等臂引起的误差。

3. 异号法

也就是使系统误差在测量中出现两次，两次的符号相反，取它的平均值作为测量结果，可消除系统误差对测量结果的影响。例如，用霍尔效应测磁感应强度时，由于霍尔片上存在不等位电势差与里纪-勒杜克效应能斯脱等应产生的附加电压，它们的符号取决于通过霍尔片的电流方向及所测磁感应强度的方向。为了消除这些附加电压对测量结果的影响，可改变通过霍尔片的电流方向及磁感应强度的方向测两次霍尔电压，取其平均值作为测量结果。

4. 半周期法

按正弦曲线变化的周期性系统误差（如测角仪器的偏心差），可以相隔半个周期处进行一次测量，取两次读数的平均值作测量结果，即可消除这种系统误差。周期性系统误差一般可表示为：

$$\Delta x = \alpha \sin \varphi \tag{1-59}$$

设 $\varphi = \varphi_1$ 时，$\Delta x_1 = \alpha \sin \varphi_1$；

当 $\varphi_2 = \varphi_1 + \pi$ 时：$\Delta x_2 = \alpha \sin(\varphi_1 + \pi) = -\alpha \sin \varphi_1 = -\Delta x_1$；

取两次读数的平均值，则：

$$\Delta \bar{x} = \frac{\Delta x_1 + \Delta x_2}{2} = \frac{\Delta x_1 - \Delta x_1}{2} = 0 \tag{1-60}$$

由此可知，半周期法能消除周期性误差。分光计、旋糖仪等测角仪器的偏心误差可采用上述方法给予消除。顺便指出，任何系统误差的消除都是相对的，通过一系列的方法减弱和消除了系统误差，但是总会残留一部分。这部分误差在具体的测量条件下，通过现有的技术无法消除，或者技术过于复杂和经济价格昂贵。因此，残余的系统误差在满足测量要求的同时，可忽略不计，其准则是：如果系统误差或残余系统误差代数和的绝对值不超过测量结果扩展不确定度的最后一位有效数字的一半，就认为系统误差已可忽略不计。

参 考 文 献

[1] 钱政，王中宇等．测量误差分析与数据处理[M]．北京：北京航空航天大学出版社，2008：1-4.

[2] Wang Zhongyu. Gao Yongsheng. Detection of Gross Measurement Errors Using the Grey System Method[J]. The International Journal of Advanced Manufacring Technology，2002，19(11)：801-804.

[3] 张本颖．测量误差及实验数据处理[J]．甘肃农业，2006(1)：203-205.

[4] 王婧．测量数据有效数字位数的确定与运算的应用[J]．计量与测试技术，2009，27(6)：57-60.

[5] 沙定国．实用误差理论与数据处理[M]．北京：科学出版社，2009：10.

[6] 谢琳蓉．测量不确定度在数据处理中的应用探讨[J]．仪表与计量技术，2006，5：29-33.

[7] 李文钧．偶然误差的正态分布[J]．玉溪师专学报，1987(1)：141-145.

[8] 甘永立．几何量公差与检测(第八版)[M]．上海：上海科学技术出版社，2008：24.

[9] 刘崇华，董夫银等．化学检测实验室质量控制技术[M]．北京：化学工业出版社，2013：19

[10] 孟尔熹，曹尔第．实验误差与数据处理[M]．上海：上海科学技术出版社，1993：10.

[11] 肖明耀．误差理论与应用[M]．北京：中国计量出版社，1985：10-11.

[12] 张忠明．材料科学中的试验设计与分析[M]．北京：机械工业出版社，2012：52.

[13] Z. Wang，Y. Gao，P. Qin. Detection of Gross Measurement Errors Using the Grey System Method[J]. The International Journal of Advanced Manufacturing Technology. 2002，19(11)：801-804.

[14] 张小英．系统误差的研究[J]．实验科学与技术，2003，(1)：61-62.

[15] 林洪桦．测量误差与不确定度评估[M]．北京：机械工业出版社，2010：12-13.

[16] 杨清德．电工仪表 400 问[M]．北京：科学出版社，2013：14

[17] 吴锡龙．电路、信号与系统实验指导书(第二版)[M]．北京：高等教育出版社，1989：19-20.

[18] 钱政，王中宇．测量误差分析与数据处理[M]．北京：北京航空航天大学出版社，2007：6.

[19] 吴石林．误差分析与数据处理[M]．北京：清华大学出版社，2010：55.

[20] 杨琪文．公差实验中粗大误差的发现及剔除[J]．扬州职业大学学报，2003：12.

[21] 张显库．Visual Basic 程序设计[M]．大连，大连理工大学出版社，1999.

[22] 陈于萍．互换性与技术测量[M]．北京：机械出版社，2010.

[23] 齐永奇．测控系统原理与设计[M]．北京：北京大学出版社，2014.

[24] 中国合格评定国家认可委员会组编．材料理化检验测量不确定度评估指南及实例[M]．北京：中国计量出版社，2007：125-126.

[25] 马宏，王金波．仪器精度理论[M]．北京：北京航空航天大学出版社，2009：185.

[26] 钱政，贾果欣．误差理论与数据处理[M]．北京：科学出版社，2013：139.

[27] 陈友明．建筑环境测试技术[M]．北京：机械工业出版社，2009：6

[28] 吴锡龙．电路、信号与系统实验指导书[M]．北京：人民教育出版社，1982：45

[29] 周尊英．产品质量检验监管统计技术[M]．北京：中国质检出版社，2013：11.

[30] 张爱武．概率论与数理统计[M]．北京：科学出版社，2013：128.

[31] 侯风波．工程数学[M]．北京：高等教育出版社，2013：82

[32] 杨洪礼．概率论与数理统计[M]．北京：科学出版社，2013：104.

[33] 邓玲娜．大学物理实验[M]．成都：西南交通大学出版社，2013：7.

[34] 孟尔熹．实验误差与数据处理[M]．上海：上海科学技术出版社，1988：21.

[35] 沙定国．实用误差理论与数据处理[M]．北京：北京理工大学出版社，1993.：55.

[36] 雷洪．粗差判别方法的比较与讨论[J]．石油仪器，1997，11(1)：55-56.

[37]　黄曙江．平均误差的置信度和极限误差[J]．物理实验，1994，14（5）：224-225.

[38]　沙定国．实用误差理论与数据处理[M]．北京：北京理工大学出版社，1993：55

[39]　雷洪。粗差判别方法的比较与讨论[J]．石油仪器，1997：53-56。

[40]　王至尧．特种加工成形手册[M]．北京：化学工业出版社，2009：520.

[41]　边炳鑫．选煤工业数理统计方法及应用[M]．北京：煤炭工业出版社，1998：88.

[42]　何少华，文竹青．试验设计与数据处理[M]．长沙：国防科技大学出版社，2002：130-131.

[43]　中国建材检验认证集团股份有限公司．水泥化验室手册[M]．北京：中国建材工业出版社，2012：537-538.

[44]　张建兵，朱娴．大学物理实验[M]．镇江：江苏大学出版社，2013：9-10.

[45]　马宏，王金波．仪器精度理论[M]．北京：北京航空航天大学出版社，2009：66.

[46]　张洪亭，王明赞．测试技术[M]．沈阳：东北大学出版社，2005：37

[47]　朱华盛．系统误差的来源及其消除方法[J]．湛江师范学院学报（自然科学版，1994，1：113-114.

第二章 实验误差分析的理论基础

第一节 偶然误差及系统误差的合成

测量误差中经常包含系统误差与偶然误差两类不同性质的误差。我们知道,偶然误差是一个随机变量,它服从期望值为零的正态分布,在重复测量中可减少它在平均测量误差中的影响,即具有抵偿性。而系统误差的情形却比较复杂,它可分解为常差和系偶误差两类:常差是已知常数,系偶误差是一个期望值为零的随机变量(不一定服从正态分布),而且在相同条件的重复测量中保持不变,不能减少它在测量误差中的影响,即不具有抵偿性。

在重复测量中,如何对偶然误差与系统误差进行合成,以求出平均测量误差的总不确定度和真值的置信区间,这是当前国内外计量科学工作者比较关心的一个问题。在误差合成中,问题的核心是测量误差服从什么分布?以前把它简化为正态分布,但在很多实际问题中证明,有时测量误差不服从正态分布。目前也有人试图求出测量误差的精确分布,但它将使计算变得十分复杂,使实际问题不能很快解决。下面提出了"优势误差法",从概率论理论出发,找出测量误差的近似分布,它既克服了把测量误差局限在正态分布中的倾向,又使计算大大简化,容易解决实际问题。

一、系统误差的分类

我们知道,在重复测量中,系统误差是一个未知常数,为了深入分析系统误差在测量误差中的影响,我们把系统误差分成常差(已知常数)和系偶误差(期望值为 0 的随机变量)两类不同性质的系统误差[5]。

(一)常差与系偶误差

1. 常差

绝对值大小和符号都已确定的系统误差称为常差。如标准线纹尺名义长度为 1m,送计量部门检定后,实际长度为 $1m + 0.10 \mu m$,但使用时感到 $0.10 \mu m$ 影响不大,未考虑予以修正,仍视尺长为 1m,则 $0.10 \mu m$ 为常差,它由计量部门检定时的修正值反号而得出。

2. 系偶误差

系统误差中常差是确定的系统误差,除去常差后的剩余部分,是不确定的系统误差,它的数值或符号两者至少有一个不能确定。对不确定的系统误差,我们可以用概率论的方法进行处理,即将它看作随机变量,所以称为系偶误差。为什么把不确定的系统误差看作是随机变量呢?这是因为构成系偶误差的情况不外乎下列三种:

(1)前阶段试验中的偶然误差。

这类误差在前阶段试验中是偶然误差,其值时大时小,时正时负,没有确定的规律,但具有一定的概率分布。在误差传递过程中,这类误差固定不变,是一个未知常数,故按系统误差处理。如基准器在传递量值时的误差,物理公式中基本常数的误差等。

(2)不定常差。

在测量过程中，大小始终固定，但符号不确定的误差称为不定常差。如水流量标准测量装置中，换向器时间测定的系统误差值是固定的，如为 100ms，但方向不定，当换向器向右时为＋100ms，向左时为-100ms，但测量时换向器向右或向左都有可能。由于不定常差符号不确定，我们可假定其正负号出现的机会相等，因此换向器时间测量误差 θ 可看作是一个服从两点分布的随机变量，它具有如下的概率分布：

$$\begin{cases} P(\theta = 100\text{ms}) = \dfrac{1}{2} \\ P(\theta = -100\text{ms}) = \dfrac{1}{2} \end{cases} \tag{2-1}$$

式中　　θ——换向器时间的测量误差；

$P(\theta = \cdots)$——服从两点分布的随机变量的概率分布。

又如在电测量中，一些误差的大小固定，但当电流相位反相后其符号将变更，而在一定时间内电流相位不确定，这些误差也属于不定常差。

（3）已知变化区间的系统误差。

有些系统误差可以估计出此误差可能变化的区间 $[c, d]$，此时可根据具体情况假定它服从某种概率分布。最简单可行的办法是假定此误差在区间 $[c, d]$ 内任一点上出现的概率相等，而落在 $[c, d]$ 外面的概率等于 0，即假定此误差在区间 $[c, d]$ 上服从均匀分布。

由于系偶误差由上述三种情况构成，因此系偶误差可看作一个随机变量。我们知道，只要作一个线性变换，就可以把任意随机变量化为常数和期望值为 0 的随机变量之和，所以可假定系偶误差的期望值为 0。如在区间 $[c, d]$ 上的均匀误差可化为常差 $\dfrac{c+d}{2}$ 与在区间 $\left[-\dfrac{d-c}{2}, \dfrac{d-c}{2}\right]$ 上的均匀误差之和。

综上所述，系统误差可分解为常差与系偶误差之和。

二、系偶误差的标准偏差

设已知系偶误差 θ 的可能变化区间 $[-e, e]$，如何求出它的标准偏差 S_θ 呢？这需要事先知道 θ 的概率分布。设 θ 的密度函数为 $f(\theta)$，由于 θ 的期望值为 0，因此

$$S_\theta^2 = \int_{-e}^{e} \theta^2 f(\theta) \, \mathrm{d}\theta \tag{2-2}$$

式中　　θ——系偶误差；

$f(\theta)$——系偶误差的密度函数；

S_θ——系偶误差 θ 的标准偏差。

我们可以利用（2-2）式求出系偶误差 θ 的标准偏差 S_θ。但也可通过下列方法求出：

我们称系偶误差 θ 的可能变化区间 $[-e_\theta, e_\theta]$ 的 e_θ 为 θ 的极限误差，极限误差与标准偏差的比值记作 λ_θ：

$$\lambda_\theta = \frac{e_\theta}{S_\theta} \tag{2-3}$$

如果知道系偶误差 θ 的极限误差 e_θ 和比值 λ_θ，则其标准偏差 S_θ 立即可求出，有

$$S_\theta = \frac{e_\theta}{\lambda_\theta} \tag{2-4}$$

式中　　λ_θ——极限误差与标准偏差的比值；

e_θ ——极限误差。

对任意确定的概率分布，都有确定的比值 λ。下面把一些常见概率分布的比值 λ 列成表 2-1。

表 2-1　常用概率分布的比值 λ 表

序	分布名称	概率分布 $f(\theta)$	比值 $\lambda = e/S$	标注偏差 S
1	正态	$f(\theta) = \dfrac{1}{S\sqrt{2\pi}} e^{-e^2/2s^2}$	3	e
2	均匀	$f(\theta) = \begin{cases} \dfrac{1}{2e}, & \text{当 } \|\theta\| \leqslant e \\ 0, & \text{其他} \end{cases}$	$\sqrt{3}$	$\dfrac{e}{\sqrt{3}}$
3	三角形	$\begin{cases} \dfrac{e+\theta}{e^2}, & -e \leqslant \theta < 0 \\ \dfrac{e-\theta}{e^2}, & \text{当 } 0 < \theta \leqslant -e \\ 0, & \text{其他} \end{cases}$	$\sqrt{6}$	$\dfrac{e}{\sqrt{6}}$
4	两点	$\begin{cases} p(\theta = -e) = \dfrac{1}{2} \\ p(\theta = e) = \dfrac{1}{2} \end{cases}$	1	e
5	三点	$\begin{cases} p(\theta = -e) = \dfrac{1}{4} \\ p(\theta = 0) = \dfrac{1}{2} \\ p(\theta = e) = \dfrac{1}{4} \end{cases}$	$\sqrt{2}$	$\dfrac{e}{\sqrt{2}}$

三、单次测量误差的合成

（一）数学模型

设对真值 a 进行测量后，得到测量结果 Y，则单次测量的误差 δ 等于测量结果与真值之差：

$$\delta = Y - a \tag{2-5}$$

式中　δ—— 单次测量的误差；

a ——真值；

Y ——测量结果。

下面我们对误差 δ 进行分析。误差 δ 可分解为系统误差（包括常差 b 和系偶误差 θ）与偶然误差 ε 之和，即

$$\delta = b + \theta + \varepsilon \tag{2-6}$$

式中　b ——是常数；

ε ——偶然误差；

θ ——系偶误差。

由于产生偶然误差的因素与产生系偶误差的因素彼此影响不大，因此可假定随机变量 θ

与 ε 相互独立。误差 δ 的概率分布可应用独立随机变量之和的分布公式求出，但只有当系偶误差服从简单的概率分布时，这种方法才可能实现。误差 δ 的期望值 $E(\delta)$ 和标准偏差 S_δ 等于

$$\begin{cases} E(\delta) = b \\ S_\delta = \sqrt{(\sigma_\theta^2 + \sigma_\varepsilon^2)} \end{cases} \tag{2-7}$$

因而测量结果 Y 可用下式表示

$$Y = a + \delta = a + b + \theta + \varepsilon \tag{2-8}$$

它的期望值 $E(Y)$ 和标准偏差 S_Y 等于

$$\begin{cases} E(Y) = a + b \\ S_Y = S_\delta = \sqrt{S_\theta^2 + S_\varepsilon^2} \end{cases} \tag{2-9}$$

式中 $E(\delta)$ ——误差 δ 的期望值；

$E(Y)$ ——测量结果 Y 的期望值。

（二）误差分析

我们对误差 δ 进一步分析：设误差中存在 g 个常差分量 $b_1, b_2, \cdots, b_g$；h 个系偶误差分量 $\theta_1, \theta_2, \cdots, \theta_h$ 和 l 个偶然误差分量 $\varepsilon_1, \varepsilon_2, \cdots, \varepsilon_l$。

1. 常差

常差 b 等于各常差分量 b_k 的代数和，即

$$b = \sum_{k=1}^{g} b_k \tag{2-10}$$

2. 偶然误差和随机不确定度

偶然误差 ε 等于各偶然误差分量 ε_k 之和，即

$$\varepsilon = \sum_{k=1}^{l} \varepsilon_k \tag{2-11}$$

注意，虽然 ε 服从正态分布，但 ε_k 不一定服从正态分布。根据偶然误差分量的特点，可知各 ε_k 之间相互独立，ε_k 的期望值为零。

设已知各偶然误差分量 ε_k 的概率分布形式和极限误差 e_{ε_k}，则可由表 2-1 查出相应的比值 λ，从而可求出 ε_k 的标准偏差 S_{ε_k}，它等于

$$S_{\varepsilon_k} = \frac{e_{\varepsilon_k}}{\lambda_{\varepsilon_k}} \tag{2-12}$$

因此，偶然误差 ε 的标准偏差 S_ε 为

$$S_\varepsilon = \sqrt{\sum_{k=1}^{l} S_{\varepsilon_k}^2} = \sqrt{\sum_{k=1}^{l} \left(\frac{e_{\varepsilon_k}}{\lambda_{\varepsilon_k}}\right)^2} \tag{2-13}$$

因为偶然误差 ε 服从正态分布 $N(0, S_\varepsilon)$，给定置信概率 P，可以从表 2-2 找到相应的置信因子 $u(p)$，使得

$$P[|\varepsilon| \leqslant u(p)S_\varepsilon] = p \tag{2-14}$$

式中 p ——偶然误差 ε 落在区间 $[-u(p)S_\varepsilon, u(p)S_\varepsilon]$ 中的概率；

$u(p)S_\varepsilon$ ——称为随机不确定度，记作 $\triangle(\varepsilon, p)$。

$$\Delta(\varepsilon, p) = u(p)S_\varepsilon = u(p)\sqrt{\sum_{k=1}^{l} \left(\frac{e_{\varepsilon_k}}{\lambda_{\varepsilon_k}}\right)^2} \tag{2-15}$$

因此，式（2-14）可改写为

$$p[\,|\varepsilon| \leqslant \Delta(\varepsilon, p)\,] = p \tag{2-16}$$

式中　区间 $[\,-\Delta(\varepsilon, p), \Delta(\varepsilon, p)\,]$ ——偶然误差 ε 的概率为 p 的置信区间。

正态分布的置信因子 $u(P)$ 可从表 2-2 查出。

表 2-2　置信概率与置信因子的关系

置信概率 p	95%	99%	99.73%
置信因子 $u(p)$	1.96	2.58	3.00

3. 系偶误差和系统不确定度

系偶误差 θ 等于各系偶误差分量 θ_k 之和，即

$$\theta = \sum_{k=1}^{h} \theta_k \tag{2-17}$$

式中 θ ——系偶误差；

θ_k ——各系偶误差分量。

由于 θ_k 可能服从正态分布，也可能服从均匀分布、两点分布（不定常差的概率分布）等，因此系偶误差 θ 的分布是多种多样的，要根据具体问题才能确定。各 θ_k 的期望值为零，但各 θ_k 之间不一定独立，因此系偶误差 θ 的标准偏差的计算比偶然误差情况要复杂一些。已知各系偶误差分量 θ_k 的概率分布形式和极限误差 e_{θ_k}，并知道任意两个 θ_i, θ_j 的相关系数 ρ_{ij}，则可先由表 2-1 查出相应比值 λ，从而可求出 θ_k 的标准偏差

$$S_{\theta_k} = \frac{e_{\theta_k}}{\lambda_{\theta_k}} \tag{2-18}$$

因此，系偶误差 θ 的标准偏差 S_θ 为

$$S_\theta = \sqrt{\sum_{k=1}^{h} S_{\theta_k}^2 + 2\sum_{i<j} \rho_{ij} S_{\theta_i} S_{\theta_j}} = \sqrt{\sum_{k=1}^{h} \left(\frac{e_{\theta_k}}{\lambda_{\theta_k}}\right)^2 + 2\sum_{i<j} \rho_{ij}\left(\frac{e_{\theta_i}}{\lambda_{\theta_i}}\right)\left(\frac{e_{\theta_j}}{\lambda_{\theta_j}}\right)} \tag{2-19}$$

设系偶误差 θ 的比值为 λ_θ，则其极限误差 e_θ 等于

$$e_\theta = \lambda_\theta S_\theta = \lambda_\theta \sqrt{\sum_{k=1}^{h} \left(\frac{e_{\theta_k}}{\lambda_{\theta_k}}\right)^2 + 2\sum_{i<j} \rho_{ij}\left(\frac{e_{\theta_i}}{\lambda_{\theta_i}}\right)\left(\frac{e_{\theta_j}}{\lambda_{\theta_j}}\right)} \tag{2-20}$$

式中　e_θ ——极限误差；

λ_θ ——系偶误差 θ 的极限误差与标准偏差的比值。

上式是计算极限误差 e_θ 的一般公式，它有几个特殊情形：

（1）当各 θ_k 之间相互独立时（$\rho_{ij} = 0$）：

$$e_\theta = \lambda_\theta \sqrt{\sum_{k=1}^{h} \left(\frac{e_{\theta_k}}{\lambda_{\theta_k}}\right)^2} \tag{2-21}$$

特别当 θ_k 都服从正态分布时，θ 也服从正态分布，因此（2-21）式可化简为

$$e_\theta = \sqrt{\sum_{k=1}^{h} e_{\theta_k}^2} \tag{2-22}$$

上式称为极限误差方和根法，使用本公式的条件是 θ_k 之间相互独立且都服从正态分布。

（2）当各 θ_k 之间强正相关时（$\rho_{ij} = 1$）：

$$e_\theta = \lambda_\theta \sum_{k=1}^{h} \frac{e_{\theta_k}}{\lambda_{\theta_k}} \tag{2-23}$$

特别当 θ_k 服从正态分布时，式（2-23）可化简为

$$e_\theta = \sum_{k=1}^{h} e_{\theta_k} \tag{2-24}$$

上式称为极限误差线性相加法，使用本公式的条件是各 θ_k 之间强正相关且都服从正态分布。

在运用式（2-21）～式（2-24）时，要注意公式的条件。当条件不满足时，不能随意使用，以免犯原则错误，使结果 e_θ 偏小〔错用式（2-22）〕或偏大〔错用式（2-24）〕。

通常，求系偶误差 θ 的概率分布比较困难，下面介绍一种求近似概率分布的方法，称为优势误差法。

先将系偶误差 θ_k 的标准偏差 S_{θ_k} 按从大到小的顺序排列，不妨假定

$$S_{\theta_1} \geqslant S_{\theta_2} \geqslant \cdots \geqslant S_{\theta_h} \tag{2-25}$$

（1）如果 S_{θ_1}，比其余 S_{θ_k}（$k=2$，3，$\cdots$，h）之和大一倍以上，即

$$S_{\theta_1} \geqslant 2\sum_{k=2}^{h} S_{\theta_k} \tag{2-26}$$

式中　θ_1——单优势误差，此时系偶误差 θ 近似服从单优势误差 θ_1 的概率分布。

（2）如果 S_{θ_1} 和 S_{θ_2} 相差不大，但 $S_{\theta_1}+S_{\theta_2}$ 比其余 S_{θ_k}（$k=3$，4，$\cdots$，h）之和大一倍以上，即

$$S_{\theta_1} + S_{\theta_2} \geqslant 2\sum_{k=3}^{h} S_{\theta_k} \tag{2-27}$$

式中　θ_1,θ_2——双优势误差。

此时，系偶误差 θ 近似服从双优势误差之和 $\theta_1+\theta_2$ 的概率分布。

（3）如果不存在单优势误差或双优势误差，根据概率论中的中心极限定理，则系偶误差 θ 近似服从正态分布。

假若我们利用优势误差法确定了 θ 的近似概率分布 $f(\theta)$，则可从表 2-3 找到一定置信概率 P 下的置信因子 $k(\theta,P)$，使得

$$P[|\theta| \leqslant k(\theta,p)S_\theta] = p \tag{2-28}$$

式中　$k(\theta,p)S_\theta$——系偶不确定度，记作 $\Delta(\theta,p)$。

$$\Delta(\theta,p) = k(\theta,p)S_\theta = k(\theta,p)\sqrt{\sum_{k=1}^{h}\left(\frac{e_{\theta_k}}{\lambda_{\theta_k}}\right)^2 + 2\sum_{i<j}\rho_{ij}\left(\frac{e_{\theta_i}}{\lambda_{\theta_i}}\right)\left(\frac{e_{\theta_j}}{\lambda_{\theta_j}}\right)} \tag{2-29}$$

则式（2-28）变为

$$P[|\theta| \leqslant \Delta(\theta,p)] = p \tag{2-30}$$

式中　e_{θ_k}——第 k 个系偶误差的极限误差；

区间 $\{-\Delta(\theta,p),\Delta(\theta,p)\}$——系偶误差 θ 的概率为 p 的置信区间。

（4）误差合成与总不确定度

单次测量误差 δ 可表成

$$\delta = b + \theta + \varepsilon = \sum_{k=1}^{g} b_k + \sum_{k=1}^{h} \theta_k + \sum_{k=1}^{l} \varepsilon_k \tag{2-31}$$

式中　b——常差，为常数；

θ —— 系偶误差；

ε —— 偶然误差，其服从期望值为零。

表 2-3　置信因子 k $(z,\ p)$

序	分布名称	概率分布 $f(z)$	k $(z,\ 0.95)$	k $(z,\ 0.99)$	k $(z,\ 0.9973)$
1	正态	$f(z)=\dfrac{1}{\sqrt{2\pi}}e^{-\frac{z^2}{2}}$	1.96	2.58	3.00
2	均匀	$f(z)=\begin{cases}\dfrac{1}{2\sqrt{3}},\ \text{当}\ \lvert z\rvert\leqslant\sqrt{3}\\ 0,\text{其他}\end{cases}$	1.65	1.71	1.73
3	三角形	$f(z)=\begin{cases}\dfrac{\sqrt{6}+z}{6},\text{当}-\sqrt{6}\leqslant z\leqslant 0\\ \dfrac{\sqrt{6}-z}{6},\text{当}\ 0<z\leqslant\sqrt{6}\\ 0,\text{其他}\end{cases}$	1.90	2.20	2.32
4	两点	$\begin{cases}p(z=-1)=\dfrac{1}{2}\\ p(z=1)=\dfrac{1}{2}\end{cases}$	1	1	1
5	三点	$\begin{cases}p(z=\sqrt{2})=\dfrac{1}{4}\\ p(z=0)=\dfrac{1}{2}\\ p(z=\sqrt{2})=\dfrac{1}{4}\end{cases}$	1.41	1.41	1.41

注：$p\left[\lvert z\rvert\leqslant k(z,p)\right]=\int_{-h(z,p)}^{k(z,p)}f(z)\mathrm{d}z=p$

误差 δ 的概率分布由各 θ_k,ε_k 之和的分布决定。δ 的期望值 $E(\delta)$ 和标准偏差 S_δ 分别为

$$E(\delta)=b=\sum_{k=1}^{g}b_k \tag{2-32}$$

$$S_\delta=\sqrt{S_\theta^2+S_\delta^2}=\sqrt{\sum_{k=1}^{h}\left(\frac{e_{\theta_k}}{\lambda_{\theta_k}}\right)^2+\sum_{k=1}^{l}\left(\frac{e_{\delta_k}}{\lambda_{\delta_k}}\right)^2+2\sum_{i<j}\rho_{ij}\left(\frac{e_{\theta_i}}{\lambda_{\theta_i}}\right)\left(\frac{e_{\theta_j}}{\lambda_{\theta_j}}\right)} \tag{2-33}$$

上式是一般公式，根据各 θ_k 之间的相关情况，可用式（2-20）～式（2-24）的 S_θ 代入，使式（2-33）简化。例如当各 θ_k 之间相互独立，即 $\rho_{ij}=0$，有

$$S_\delta=\sqrt{\sum_{k=1}^{h}\left(\frac{e_{\theta_k}}{\lambda_{\theta_k}}\right)^2+\sum_{k=1}^{l}\left(\frac{e_{\delta_k}}{\lambda_{\delta_k}}\right)^2} \tag{2-34}$$

特别当 θ_k,ε_k 都服从正态分布时，得式（2-35）。

$$e_\delta=\sqrt{\sum_{k=1}^{h}e_{\theta_k}^2+\sum_{k=1}^{l}e_{\delta_k}^2} \tag{2-35}$$

我们也可以用优势误差法，找出各 θ_k 和 ε_k 中的优势误差，从而确定测量误差 δ 的近似

概率分布 f（δ），并由表 2-3 查出置信概率 p 相应的置信因子 $k_{(\delta,p)}$，满足

$$P[|\delta - b| \leqslant k(\delta,p)S_\delta] = p \tag{2-36}$$

即
$$P[b - k(\delta,p)S_\delta \leqslant \delta \leqslant b + k(\delta,p)S_\delta] = p \tag{2-37}$$

式中　k（δ，p）S_δ——总不确定度，记作 Δ（δ，p），它等于

$$\Delta(\delta,p) = k(\delta,p)S_\delta = k(\delta,p)\sqrt{\sum_{k=1}^{g}\left(\frac{\varepsilon_{\theta_k}}{\lambda_{\theta_k}}\right)^2 + \sum_{k=1}^{h}\left(\frac{\varepsilon_{\delta_k}}{\lambda_{\delta_k}}\right)^2 + 2\sum_{i<j}\rho_{ij}\left(\frac{\varepsilon_{\theta_i}}{\lambda_{\theta_i}}\right)\left(\frac{\varepsilon_{\theta_j}}{\lambda_{\theta_j}}\right)} \tag{2-38}$$

式（2-37）可写为

$$P[b - \Delta(\delta,p) \leqslant \delta \leqslant b + \Delta(\delta,p)] = p \tag{2-39}$$

区间 $[b - \Delta(\delta,p), b + \Delta(\delta,p)]$ 称为单次测量误差 δ 的概率为 p 的置信区间。

δ 的准确度 A 定义为

$$A = b \pm \Delta(\delta,p) = \sum_{k=1}^{g}b_k \pm k(\delta,p)\sqrt{\sum_{k=1}^{h}\left(\frac{e_{\theta_k}}{\lambda_{\theta_k}}\right)^2 + \sum_{k=1}^{l}\left(\frac{e_{\delta_k}}{\lambda_{\delta_k}}\right)^2 + 2\sum_{i<j}\rho_{ij}\left(\frac{e_{\theta_i}}{\lambda_{\theta_i}}\right)\left(\frac{e_{\theta_j}}{\lambda_{\theta_j}}\right)} \tag{2-40}$$

[**例 2-1**] 水流量标准装置测定瞬时流量时，包含下列误差及其极限误差：

设备误差独立，给定置信概率 $p=95\%$，求单次测量误差的总不确定度和准确度。

解：（1）根据各 θ_k 和 ε 的统计特性，确定它们的概率分布形式，并从表 2-1 中查出各比值 λ 和算出各标准偏差 S；

（2）单次侧量误差 $\theta = b + \sum_{k=1}^{3}\theta_k + \varepsilon$，它的期望值和标准偏差分别为：

$$\begin{cases} E(\delta) = b = 0.01(\%) \\ S_\delta = \sqrt{\sum_{k=1}^{3}S_\theta^2 + S_\varepsilon^2} = \sqrt{\frac{448}{9}} \times 10^{-2} \approx 0.071(\%) \end{cases}$$

（3）偶然误差 ε 为优势误差，故测量误差 δ 近似服从正态分布。给定置信概率 $p=95\%$，从表 2-1 可查出

$$u(0.95) = k(\delta, 0.95) = 1.96$$

（4）总不确定度

$$\Delta(\delta,p) = u(p)S_\delta = 1.96 \times 0.071 \approx 0.41(\%)$$

（5）准确度

$$A = b \pm \Delta(\delta,p) = 0.01 \pm 0.14(\%)$$

即单次测量误差 δ 的 95% 置信区间为 $[-0.13\%, 0.15\%]$。

综上所述，单次测量误差 δ 的总不确定度 Δ（δ，P）和准确度 A 的计算步骤如下：

（1）根据各系偶误差 θ_k 和偶然误差 ε_k 的统计特性，确定其概率分布形式和比值 λ_k；

（2）根据各 θ_k 和 ε_k 的极限误差 e_k 和比值 λ_k，算出其标准偏差 $S_k = \dfrac{e_k}{\lambda_k}$；

（3）由式（2-32）和式（2-33）求出 δ 的期望值 b 和标准偏差 S_δ；

（4）利用优势误差法确定 δ 的近似概率分布；

（5）由置信概率 p，根据 δ 的概率分布从表 2-3 查出相应置信因子 k（δ，p）；δ 单次测量误差，其相信因子查 2-3 为 k（δ，p）；

（6）总不确定度 $\Delta(\delta,p) = k(\delta,p)S_\delta$

（7）准确度 $A = b \pm \Delta(S_\delta, p)$

四、重复测量平均误差的合成

设在实际相同条件下，对真值 a 重复测量 n 次，得到测量结果 $Y_1, Y_2, \cdots, Y_n$ ，于是第 i 次测量误差为

$$\delta_i = Y_i - a, i = 1, 2, \cdots, n \tag{2-41}$$

由于常差 b 和系偶误差 θ 在每次测量中都等于常数，故在 n 次重复测量中 b, θ 保持不变，而偶然误差 ε 变成 n 个独立同分布的正态变量 ε_1 ，即

$$\delta_i = b + \delta + \varepsilon_i \quad i = 1, 2, \cdots, n \tag{2-42}$$

其中 ε_i 的期望值和标准偏差等于

$$\begin{cases} E(\varepsilon_i) = 0 \\ S_{\delta_i} = S_\varepsilon \end{cases} i = 1, 2, \cdots, n \tag{2-43}$$

因此，第 i 次测量误差 δ_i 的期望值和标准偏差分别等于

$$\begin{cases} E(\delta_i) = b \\ S_{\delta_i} = \sqrt{S_\theta^2 + S_\varepsilon^2} \end{cases} i = 1, 2, \cdots, n \tag{2-44}$$

下面我们来讨论平均误差的统计规律，我们记偶然误差平均数为

$$\bar{\delta} = \frac{1}{n} \sum_{i=1}^{n} \delta_i \tag{2-45}$$

$$\bar{\varepsilon} = \frac{1}{n} \sum_{i=1}^{n} \varepsilon_i \tag{2-46}$$

式中　$\bar{\delta}$——误差的平均值，即平均误差；

　　　$\bar{\varepsilon}$——偶然误差的平均值。

已知，$\bar{\varepsilon}$ 服从期望值与标准偏差分别为的正态分布。

$$\begin{cases} E(\bar{\varepsilon}) = 0 \\ S_{\bar{E}} = \frac{S_\varepsilon}{\sqrt{n}} \end{cases} \tag{2-47}$$

由式（2-42），$\bar{\delta}$ 可表正为

$$\bar{\delta} = b + \theta + \bar{\varepsilon} \tag{2-48}$$

$\bar{\delta}$ 的概率分布由 θ 与 $\bar{\varepsilon}$ 之和的分布决定，$\bar{\delta}$ 的期望值与标准偏差分别为

$$\begin{cases} E(\bar{\delta}) = b \\ S_{\bar{\delta}} = \sqrt{S_\theta^2 + \frac{S_\varepsilon^2}{n}} \end{cases} \tag{2-49}$$

将式（2-49）与式（2-44）比较，可见，

（1）$\bar{\delta}$ 与 δ_i 的期望值都等于常差 b，

（2）$S_\theta < S_{\bar{\delta}} < S_{\delta_i}$

说明随着测量次数 n 的增大，偶然误差对 $\bar{\delta}$ 的影响减少为 $\frac{1}{\sqrt{n}}$ 倍，因而 $S_{\bar{\delta}}$ 小于 S_{δ_i} ；但

是不论测量次数 n 增到多大，不能减少系偶误差对 $\bar{\delta}$ 的影响，因而 $S_{\bar{\delta}}$ 比 S_θ 大，以 S_θ 为下界。这说明了系偶误差与偶然误差的本质差别：偶然误差具有抵偿性，而系偶误差不具有抵偿性。

第二节　误差合成与分配

一、误差合成分析

设误差中存在 g 个常差分量，h 个系偶误差分量和 l 个偶然误差分量。比较式（2-42）和式（2-48）可以看出：δ_i 与 $\bar{\delta}$ 的区别是把其中的偶然误差 ε 变成偶然误差平均数 $\bar{\varepsilon}$，而常差 b 和系偶误差 θ 在两式中是一样的。因此常差 b 和系统不确定度 $\Delta(\theta,p)$ 的计算公式与上述中相同，不再重复。

（一）偶然误差平均数及平均随机不确定度

记 ε_{k_i} 为在第 i 次测量中第 k 个偶然误差分量，$\bar{\varepsilon}_k$ 为第 k 个偶然误差分量平均数，它等于

$$\bar{\varepsilon}_k = \frac{1}{n}\sum_{i=1}^{n}\varepsilon_{k_i} \qquad k=1,\ 2,\ \cdots,\ l \qquad (2\text{-}50)$$

第 i 次测量中偶然误差 ε_i 等于

$$\varepsilon_i = \sum_{k=1}^{l}\varepsilon_{k_{\ j}} \qquad (2\text{-}51)$$

偶然误差平均数 $\bar{\varepsilon}$ 等于

$$\bar{\varepsilon} = \frac{1}{n}\sum_{i=1}^{n}\varepsilon_i = \sum_{k=1}^{l}\varepsilon_{k_i} = \sum_{k=1}^{l}\bar{\varepsilon}_k \qquad (2\text{-}52)$$

而第 k 个偶然误差分量平均数 $\bar{\varepsilon}_k$ 的标准偏差等于

$$\sigma_{\bar{\varepsilon}_k} = \frac{\sigma\delta_k}{\sqrt{n}} \qquad (2\text{-}53\text{-}1)$$

因此，偶然误差平均数 $\bar{\varepsilon}$ 的标准偏差等于

$$\sigma_{\bar{\varepsilon}} = \sqrt{\sum_{k=1}^{l}\sigma_{\bar{\varepsilon}_k}^2} = \sqrt{\sum_{k=1}^{l}\frac{\sigma_{\varepsilon_k}^2}{n}} = \frac{\sigma_\varepsilon}{\sqrt{n}} \qquad (2\text{-}53\text{-}2)$$

上式说明，$\sigma_{\bar{\varepsilon}}$ 等于 σ_ε 与 $\frac{1}{\sqrt{n}}$ 的乘积。因此，$\bar{\varepsilon}$ 服从正态分布 $N\left(0,\frac{\sigma_\varepsilon}{\sqrt{n}}\right)$，由置信概率 p 可找到置信因子 $u(P)$，使得

$$P\left[|\bar{\varepsilon}| \leqslant u(p)\frac{\sigma_\delta}{\sqrt{n}}\right] = p \qquad (2\text{-}54)$$

记 $\Delta(\bar{\varepsilon},p)$ 为平均随机不确定度，它等于

$$\Delta(\bar{\varepsilon},p) = u(p)\sigma\bar{\varepsilon} = \frac{u(p)\sigma\varepsilon}{\sqrt{n}} = \frac{\Delta(\varepsilon,p)}{\sqrt{n}} \qquad (2\text{-}55)$$

上式说明，平均随机不确定度 $\Delta(\bar{\varepsilon},p)$ 等于随机不确定度 $\Delta(\varepsilon,p)$ 与 $\frac{1}{\sqrt{n}}$ 的乘积。

（二）平均误差合成与总不确定度

平均误差 $\bar{\delta}$ 可表达为

$$\bar{\delta} = b + \theta + \bar{\varepsilon} = \sum_{k=1}^{g} b_k + \sum_{k=1}^{h} \theta_k + \sum_{k=1}^{l} \bar{\varepsilon_k} \tag{2-56}$$

平均误差 $\bar{\delta}$ 的概率分布由各 θ_k、$\bar{\varepsilon_k}$ 之和的分布决定。$\bar{\delta}$ 的期望值和标准偏差分别为

$$E(\bar{\delta}) = b = \sum_{k=1}^{g} b_k \tag{2-57}$$

$$\sigma_{\bar{\delta}} = \sqrt{\sigma_{\bar{\theta}}^2 + \frac{\sigma_{\bar{\delta}}^2}{n}} = \sqrt{\sum_{k=1}^{h} \left(\frac{e_{\theta_k}}{\lambda_{\theta_k}}\right)^2 + \sum_{k=1}^{l} \left[\frac{e_{\varepsilon_k}}{\sqrt{n}\lambda_{\varepsilon_k}}\right]^2 + 2\sum_{i<j} \rho_{ij} \left(\frac{e_{\theta_i}}{\lambda_{\theta_i}}\right) \left(\frac{e_{\theta_j}}{\lambda_{\theta_j}}\right)} \tag{2-58}$$

可以通过找出各 θ_k、$\bar{\varepsilon_k}$ 中的优势误差，从而确定平均误差 $|\bar{\delta}|$ 的近似概率分布。给定置信概率 p，可从表 2-3 查出相应的置信因子 $k(\bar{\delta}, p)$，满足

$$P\left[|\bar{\delta} - b| \leqslant k(\bar{\delta}, p)\sigma_{\bar{\delta}}\right] = p \tag{2-59}$$

我们所称 $k(\bar{\delta}, p)\sigma_{\bar{\delta}}$ 为平均误差的总不确定度，记作 $\Delta(\bar{\delta}, p)$，它等于

$$\Delta(\bar{\delta}, p) = k(\bar{\delta}, p)\sigma_{\bar{\delta}} \tag{2-60}$$

平均误差 $\bar{\delta}$ 的准确度 A 等于

$$A = b \pm \Delta(\bar{\delta}, p) \tag{2-61}$$

[例 2-2] 在例 2-2 条件下，重复测量 16 次，给定置信概率 $p = 95\%$，求平均误差的总不确定度和准确度。

解：(1) $\bar{\delta} = b + \theta_1 + \theta_2 + \theta_3 + \bar{\varepsilon}$

$$\bar{\varepsilon} = \frac{1}{16} \sum_{i=1}^{16} \varepsilon_i$$

$$\sigma_{\bar{\delta}} = \frac{\sigma_{\delta}}{4} = \frac{0.05}{3}$$

$$E(\bar{\delta}) = b = 0.01(\%)$$

$$\sigma_{\sigma} = \sqrt{\sum_{k=1}^{3} \sigma_{\theta_k}^2 + \frac{\sigma_{\varepsilon}^2}{16}} = \sqrt{4 + \frac{1}{3} + 1 + \frac{25}{9} \times 10^{-2}} = \sqrt{\frac{73}{9}} \times 10^{-2} = 0.028(\%)$$

(2) 偶然误差平均数 $\bar{\varepsilon}$ 不是优势误差，但 $\bar{\varepsilon}$ 与 θ_1 两者是双优势误差。由于 $\bar{\varepsilon}$ 与 θ_1 都服从正态分布，故 $\bar{\varepsilon} + \theta_1$ 也服从正态分布，因此平均误差 $\bar{\delta}$ 近似服从正态分布。

给定置信概率 $p = 0.95$，可得置信因子 $u(p) = 1.96$

平均误差 δ 的总不确定度等于

$$\Delta(\bar{\delta}, p) = u(p)\sigma_{\bar{\delta}} = 1.96 \times 0.028 \approx 0.05(\%)$$

准确度 $A = b \pm \Delta(\bar{\delta}, p) = 0.01 \pm 0.05(\%)$

即平均误差 $\bar{\delta}$ 的 95% 的置信区间为 [−0.04%, 0.06%]，可见增加测量次数后，可以减少随机不确定度，从而提高平均误差 $\bar{\delta}$ 的准确度，使置信区间的范围大大减小。

二、误差的分配

误差分配是误差合成的逆问题，即在总误差给定的前提下，确定出各分项误差。它在测量方案的确定、测量系统（或仪器设备）的设计中具有重要的实际意义。设计性物理实验是一种介于基础教学实验与科学实验之间的教学实验。做好这类实验的核心问题是实验方案的制定。而在制定实验方案、选择合理的实验方法、设计最佳测量方法、合理配套实验仪器和有利的测量条件等时，必须考虑整个实验过程中的误差分配，并对所产生的误差做出具体的

分析。那么在实验设计中如何做好误差分配和误差分析这两项工作，制定出最佳实验方案，得到理想的实验结果呢[6]下面进行分析。

（一）误差分配的目的

在研究一个新的实验设计之前，为了能够控制误差以及根据误差要求合理地选择实验方法、仪器设备和测量条件，就需要对影响结果的各个误差来源进行大致的分析，并进行误差的预分配[7]。

（二）误差分配的原则

1. 根据误差合成公式进行分配

误差合成方法不同时，误差分配的结果也不一样。例如，设有偶然误差为四个误差因素所产生的误差值，总的允许误差为 $\perp 4\%$。分配时，将误差平均分配到每一个因素，即令 $3\sigma_1 = 3\sigma_2 = 3\sigma_3 = 3\sigma_4$。则误差的合成方法有如下两种。

方法一：将各分误差以代数和的方法进行合成。

有：$\Delta_{max} = \sum_{i=1}^{m} |3\sigma_1|$，故 $\Delta_{max} = 4\% = \pm(|3\sigma_1| + |3\sigma_2| + |3\sigma_3| + |3\sigma_4|)$，则 $3\sigma = \pm 1\%$，也就是说允许 3σ 为 $\pm 1\%$。

方法二：将各分误差以均方根和的方法进行合成。有：

$$\Delta_{max} = \sqrt{\sum_{i=1}^{m} (3\sigma)^2},$$

故　　　　$\Delta_{max} = \pm 4\% = \sqrt{(3\sigma_1)^2 + (3\sigma_2)^2 + (3\sigma_3)^2 + (3\sigma_4)^2} = \sqrt{4} \cdot 3\sigma,$

则 $\sqrt{4} \times 3\sigma = \pm 4\%, 3\sigma = \pm 2\%$

由此可见，误差的合成方法不同时，则分配到每一分项的允许误差也不同。上面例子中两者就相差一倍。因此选择合理的误差合成方法是误差分配首先需要确定的问题。

2. 按等影响原则分配误差

设各误差因素都是偶然误差且互不相关，则不相关变量的任意函数：$y = f(x_1, x_2, \cdots, x_m)$ 的误差传递公式为：

$$\sigma_y = \sqrt{\sum_{i=1}^{m} \left(\frac{\partial f}{\partial x_i}\right)^2 \sigma_i^2} = \sqrt{\sum_{i=1}^{m} (\alpha_i \alpha_i)^2} = \sqrt{\sum_{i=1}^{m} (D_i)^2} \tag{2-62}$$

式中　　$D_i = \left|\frac{\partial f}{\partial x_1}\right| \sigma_i = \alpha_i \sigma_i$ ——间接测量量的各个分误差；

σ_i ——第 i 个因素导致的误差；

σ_y ——函数 $y = f(x_1, x_2, x_3 \cdots x_m)$ 导致的误差。

根据误差分配的任务要求，在给定 σ_y 下，确定 D_i 或 σ_y 值，且满足 $\sqrt{(D_1^2 + D_2^2 + \cdots + D_m^2)} \leqslant \sigma_y$，显然，式中 D_i 是不确定解，D_i 可取任意值。因此，为让误差分配较合理，可根据等影响原则进行分配。

通常在无特定要求下，先按等影响原则分配误差，即：

$D_1^2 = D_2^2 = \frac{\sigma_y^2}{m}$，因此可得：

$$\sigma_i = \frac{D_i}{\alpha_i} = \frac{\sigma_y}{\sqrt{m}} \frac{1}{\alpha_i} = \frac{\sigma_y}{\sqrt{m}} \cdot \frac{1}{\dfrac{\partial f}{\partial x_1}} \tag{2-63}$$

在分配误差时，若有些直接测量量的误差已先确定，而不可能再作变动，则可以从总误差中先除掉它们的影响，再对其余直接测量量分配误差。

3. 按可能性原则调整分配误差

按等影响原则分配误差也会出现不合理情况：对于其中有的直接测量值，要它不能超出分配给它的误差较容易实现；而对于其中某些直接测量值，则难以满足分配给它的误差。若要保证它也能满足要求，势必要选用昂贵的高精度仪器设备，或者要花费极大的精力去设计实验，甚至有可能在目前技术水平下根本无法满足要求。另一方面，当各个分误差一定时，其相应测量值的误差与其传递系数成反比。所以当各个分误差相等时，其相应测量值的误差并不相等，有时可能相差很大。基于这些情况，对按等影响原则分配的误差，必须根据具体情况进行调整，对于测量中难以保证的误差因素，应适当扩大允许的误差值；反之，则尽可能地缩小允许的误差值。

4. 验算调整后的误差

调整后的误差分配，应计算总误差 R_y，若超出给定的允许总误差，应选择可能缩小的误差因素再缩小误差。一旦各误差因素的误差再缩小仍不能满足对总误差的允许水平时，则应从测量方法上去解决。若实际上小于给定的允许总误差，可适当扩大难以测量的误差因素的误差。

（三）误差分配的分析

1. 分析目的

实验测量结束后，在进行数据处理时，必须对各种误差的来源做出全面的分析。误差分析大致包括两方面的内容：一是确定实验结果的误差范围，因为在精确测量中判定实验结果不准确范围与获得实验结果具有同等的重要性；二是找出影响实验结果的主要因素，从而采取相应的措施以减小误差。显然，对于不同的实验，因所用的实验方法或所测量的物理量不同，误差分析的方式亦不尽相同，一般可按下述方法进行。

2. 分析方法

（1）逐个分析各误差的大小及对总误差的贡献

有些基本操作，如称重、测距、计时等，其误差可根据所用量具的已知精度估计出来，有时就取量具上最小刻度指示的一半。有些操作的误差也可通过多次重复操作的方法，即用实验的方法加以确定。

（2）确定实验结果总的误差

确定实验结果总的误差可有两种方法：其一是把各误差因素的分误差按平方和关系求出；其二是通过实验直接求出，即让各误差因素都有变化，观察实验结果数据的离散性。用这两种方法求得的总误差应是一致的，但若在处理中有遗漏或重复了某个误差因素，则会使结果不一致。这时可以使用两种方法互相校核。

（3）综合分析

根据实验及其计算的结果，找出分误差最大的几个误差因素，研究分析后，提出减小它们对总误差的贡献途径，使实验达到最有利的测量条件。

第三节　实验结果的数据处理

无论哪个学科，在做实验的过程中，测得实验数据之后，都必须对数据进行一系列的加工和运算，这就是数据处理过程，在此，我们主要针对物理实验的数据处理，介绍数据列表法、作图法、逐差法、线性插值法与外延法。

一、列表在数据处理中的应用

（一）列表的作用

列表是物理实验数据处理中最基本、最常用的方法。利用列表法可以使数据排列有序，对应关系明了，并能表示出对应量的关系。另外用作图法、最小二乘法等方法处理数据时，也需要用列表法对数据进行整理。因此，列表法是数据处理的重要基础。

数据列表还可以提高处理数据的效率，减少和避免错误。根据需要，把计算的某些中间项列出来，可以随时从对比中发现运算是否有错，随时进行有效数字简化，避免不必要的重复计算，利于计算和分析误差，以后有必要时可对数据随时查对[8]。

（二）列表的要求

列表一般有下列要求和做法：

（1）简单明了，便于看出有关量之间的关系，便于处理数据。

（2）必须交代清楚表中各符号所代表物理量的意义，并写明单位。单位写在标题栏中，一般不要重复地记在各个数字上。

（3）表中的数据要正确反映测量结果的有效数字。

（4）必要时加以说明。

二、线性插值法与外延法

插值法与外延法是利用已得到的对应变量的实验数据求自变量未测到位置应变量的数值的方法。线性插值法与外延法是插值法与外延法中最简单的一种。

由于实验条件的限制，例如自变量不能连续可调，测量仪器测量范围的间断，测量数据不可能无限多等，测量数据总是分立的若干个值，不能连续地在表中把所有数据及其对应关系表达出来。但有时需要知道自变量未测到位置的应变量的数值，在此情况下，就可以用线性插值法与外延法来处理。

线性插值法和外延法是假设函数在插值点附近为线性函数时，求函数的某一未测量所对应的函数值的方法。此方法只需两个测量数据点 (x_1, y_1)，(x_2, y_2)。

假设函数在插值点附近为线性函数，即 $y = a + bx$。若 $x_1 < x < x_2$，由 (x_1, y_1)，(x_2, y_2) 可求得

$$b = \frac{y_2 y_1}{x_2 x_1}, \qquad a = y_1 - \frac{y_2 - y_1}{x_2 - x_1} x_1 \tag{2-64}$$

将所得 a 和 b 代入 $y = a + bx$，得：

$$y = y_1 + \frac{y_2 - y_1}{x_2 - x_1}(x - x_1) \tag{2-65}$$

假设函数在插值点附近为线性函数，即 $y = a + bx$。若 $x < x_1 < x_2$（向后外延），则可得：

$$y = y_2 + \frac{y_2 - y_1}{x_2 - x_1}(x - x_2) \tag{2-66}$$

式中　　(x_1, y_1)，(x_2, y_2)——两个任意的测量数据点。

值得注意的事，此结果是在假设测量数据不存在误差的基础上获得的。而且外延法是求超出测量范围的数据，由于某些情况下可能会在该范围外出现规律的突变，因此有一定的风险。当函数在插值点附近为非线性函数时，也可用此方法进行数据处理，但要保证两个测量数据点间隔很小。对于非线性函数，如要求所得插值精度更高，可采用牛顿插值公式。

三、用作图法处理数据

作图法处理数据是指在实验中，进行测量以后，把相关数据作成曲线图，然后通过曲线来求未知量的方法。作图法能直观形象地表达两个或两个以上变量间的变化关系，利用图线特别是直线，可以方便地求出斜率、截距以及包含在斜率和截距中的未知量。通过作图法处理数据可以减小偶然误差影响，发现粗大误差，并能消除某些系统误差，作图法简单易行，被广泛采用。

（一）作图的作用和优点

作图法的目的是揭示和研究物理量之间的变化规律，找出对应的函数关系，求经验公式或求出实验的某些结果。如直线方程 $y = a + bx$，就可根据曲线斜率求出 b 值，从曲线截距获取 a 值。此外还可从曲线上直接读取没有进行测量的对应于某 x 的 y 值（内插法），在一定条件下也可从曲线延伸部分读出原测量数据范围之外的量值（外推法）。实验曲线还可帮助发现实验中个别的测量错误。当被测量的函数为非线性关系时，一般求值较困难，而且也很难从曲线中判断结果是否正确。用作图法可进行置换变数处理，如 $PV = C$，可将 P-V 图线改为 P-$\frac{1}{V}$ 图线，如图（2-1）所示[17]。

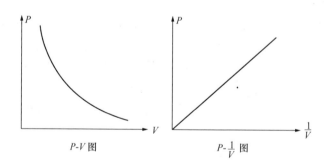

P-V 图　　　　　　　　P-$\frac{1}{V}$ 图

图 2-1　曲线改直线示意图

（二）作图规则

由于作图后，往往要通过图求未知量，因此要求所作图上的实验数据点标注位置准确，图线比例得当，图纸大小合适。作图不光要自己看，还要给别人看，因此各种符号、标注必须符合规范。一般来说，应按照以下要求作图：

（1）在图的下方标明图的序号和名称，以便引用识别。

（2）在坐标轴上标明该坐标轴所代表的物理量及该物理量的单位。

（3）在坐标轴上均匀地定出多尺，并标出各刻度所对应的量值。当物理量的变化范围较大时，可使用对数坐标，同时要注意调整比例，使作出的图充满整个坐标纸，因此，坐标轴起点可不为零。

（4）为防止测量之后引入不必要的误差，图纸正确的作法是使图纸的最小刻度值与测量变量的仪器的最小分度值相对应，这样也便于通过作图粗略估计未知量的精度。

（5）用同一种符号标出同一条曲线上的实验数据点，不必标明各数据点的坐标。有时可不标数据点。

（6）规律明确时，要用光滑曲线表示变量之间的关系，数据点不一定落在曲线上，连线时尽量让数据点分布在曲线两侧。当变量数据较少、规律不明确时，需用折线把各数据点连起来。

（7）求未知量所用的数据点，应用特殊符号（不同于试验数据点）标出以区别实验数据点。

（8）测量范围内的线用实线表示，测量范围外的线用虚线表示。因为测量范围外的是估计走势，不一定可靠。

（9）在图纸空白处或图的下方进行必要的说明。例如测量条件的标注。

（三）用直角坐标纸作图举例

[**例 2-3**] 如何用作图法来处理如下数据？其中用伏安法测得的电阻数据如表 2-4 所示：

表 2-4　电压和电流的关系

V(V)	0.00	1.00	2.00	3.00	4.00	5.00
I（mA）	0.00	2.00	4.01	6.05	7.85	9.70
V(V)	6.00	7.00	8.00	9.00	10.00	
I（mA）	11.83	13.75	16.02	17.86	19.94	

解：用直角坐标纸作图如下（图 2-2）

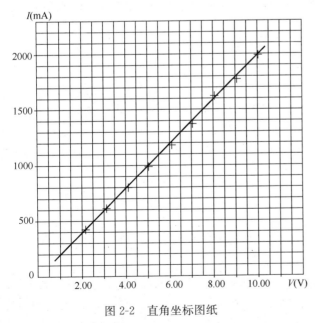

图 2-2　直角坐标图纸

（四）曲线的改直

实际工作中，有许多函数的形式可以经过处理变换成为线性关系，即把曲线变成直线。

[**例 2-5**] 如何将下述函数的形式变换成线性关系？

解：（1）$y = ax^b$，a、b 为常量，则 $\lg y = b\lg x + \lg a$，$\lg y$ 为 $\lg x$ 的线性函数，斜率为 b，截距为 $\lg a$。

（2）$y = ae^{-bx}$，a、b 为常量，则 $\ln y = -bx + \ln a$，$\ln y - x$ 图的斜率为 $-b$。截距为 $\ln a$。

（3）$y = ab^x$，a、b 为常量，则 $\lg y = (\lg b)x + \lg a$，$\lg y - x$ 的图的斜率为 $\lg b$，截距为 $\lg a$。

（4）$I\omega = C$　C 为常量，

则 I 为 $\frac{1}{\omega}$ 的线性函数。$I - \frac{1}{\omega}$ 图的斜率为 C。

（5）$y^2 = 2px$　p 为常量，改写成

$y = \pm\sqrt{2p}\, x^{1/2}$ 则 y 为 $x^{1/2}$ 的线性函数。$y - x^{1/2}$ 图的斜率为 $\pm\sqrt{2p}$。

（6）$y = \dfrac{x}{a + bx}$，a、b 为常量，改写成

$y = \dfrac{1}{\dfrac{a}{x} + b}$，即 $\dfrac{1}{y} = \dfrac{a}{x} + b$，则 $\dfrac{1}{y} - \dfrac{1}{x}$ 图为一直线，斜率为 a，截距为 b。

（7）$s = v_0 t + \dfrac{1}{2} a t^2$，$v_0$、$a$ 为常数，改写成

$s = \left(v_0 + \dfrac{1}{2} at\right) t$，即 $\dfrac{s}{t} = v_0 + \dfrac{1}{2} at$，

则 $\dfrac{s}{t} - t$ 图为一直线，斜率为 $\dfrac{1}{2} a$

（8）$t_p = \dfrac{\sqrt{s^2 + h^2}}{v_p}$，$h$、$v_p$ 为常量，

有 $t_p^2 v_p^2 = s^2 + h^2$，$t_p^2 = \dfrac{s^2}{v_p^2} + \dfrac{h^2}{v_p^2}$，则作 $t_p^2 - s^2$ 图，可求出 v_p 及 h。

四、逐差法处理数据

逐差法是物理实验中处理数据的常用方法之一，其实质就是充分利用实验所得的数据，取一个全面平均的方法，本节仅就逐差法的作用、特点和使用条件做一个简单的介绍[18]。

（一）逐差法的作用和特点

逐差法可以用来验证多项式，发现系统误差或实验数据的某些变化规律，求物理量的数值等。其优点如下：

（1）充分利用了测量数据，具有对数据取平均值的效果。

（2）它可以绕过一些具有定数的未知量，而求出所需要的实验结果。

由误差知识可知，算术平均值可作为待测量的最佳值，故在实验中需要进行多次测量。但在有的实验中，如果简单地取各测量值的平均值，并不能得到好的结果。例如用光杠杆法测量金属丝的伸长量，每次增加的砝码为 1kg，连续增加 9 次，共得 10 个尺像读数，它们分别为 R_0，R_1，$\cdots$，R_9，依次相减的差值为 $N_i = R_i - R_{i-1}(i = 1, 2, \cdots, 9)$，其算术平均值为

$$\overline{N} = \frac{1}{9} \sum_{i=1}^{9} (R_i - R_{i-1}) = \frac{1}{9}(R_9 - R_0)$$

显然，平均值 $\overline{N}$ 与中间值无关，只与始末两次的测量值有关。这样处理数据的结果和一次增重 9kg 的单次测量相同。

为了保持多次测量的优点，可采用如下方法处理数据：先把偶数个数据分成两组，一组是前一半数据 R_0、R_1、R_2、R_3、R_4；一组是后一半数据 R_5、R_6、R_7、R_8、R_9，求其对应项的差值。例如 $N_1 = R_5 - R_0$，$N_2 = R_6 - R_1$，$\cdots$，$N_5 = R_9 - R_4$，然后取其平均值

$$\overline{N} = \frac{1}{5}(N_1 + N_2 + \cdots + N_5)$$

这种数据处理方法称为逐差法。逐差法就是把一组偶数个数据分为前后相等的两部分，然后把对应的项逐项求差值，再求其平均值，这样便体现了多次测量的优点。N 是指每增加 5kg 砝码望远镜中尺像读数的变化值。

（二）用逐差法处理数据时必须满足的两个条件

1. 函数可以写成多项式的形式，即

$$y = a_0 + a_1 x + a_2 x^2 + \cdots + a_i x^i + \cdots \tag{2-67}$$

有些函数经过变换可写成上述形式时，也可用逐差法处理。

2. 自变量 x 是等间距变化的。逐差法处理数据就是把所测得的偶数组数据按自变量由大到小或由小到大的顺序依次排列，然后等分为前后两大组，再将每大组的对应项依次相减。

第四节　一元线性回归分析

在科学实验中，常常需要寻求相互关联的两个或多个变量之间的内在联系。据测量得到的若干组两个或多个变量的对应数据，求表示这些变量间关系的解析式的过程称为回归。最简单的回归分析就是线性回归，又以两个变量的线性回归最简单，物理实验中只考虑两个变量的线性回归问题。

一、直线拟合最小一乘法

一元线性回归是处理两变量关系的最简单的模型。物理实验的数据处理中经常用的是最小二乘法，但当样本中存在异常值时，经最小二乘法拟合的直线会偏离真实直线，出现偏差。这是因为最小二乘法拟合时，是利用残差平方和最小进行线性拟合，当有异常值时，其残差较大，残差平方和会进一步放大，为了使残差平方和最小，必然把拟合直线拉向异常值，从而偏离真实直线。但最小一乘法在线性拟合时，是利用偏离直线的绝对值之和最小为依据，因此异常值的影响没有最小二乘法那么显著，是一种稳健性的线性拟合方法。但在计算上，不像最小二乘法那样，有明确的计算公式，并且会出现拟合直线不唯一的情况。由于最小一乘法的计算量大，它的使用不像最小二乘法那么普及。一些文献中的最小一乘法是利用坐标轴平移，把拟合直线的一般形式变成无截距的形式，在每个样本点处找到过样本点（带约束）的最优直线，在所有样本点的最优直线中比较它们的最小绝对值之和，找出最小的值，它所对应的那条直线即为所求直线。当为最优直线时，每个样本点处偏离直线的绝对值之和位于一折线凸函数的最低点上，在此最低点左侧折线的斜率小于零，右侧折线的斜率大于等于零。利用此性质，确定每个样本点的最优直线。本算法则是利用最小一乘法的特点，最优直线过其中的两个样本点，只要找到这两个样本点就可以确定直线方程，把直线确定转化为样本点的确定。

（一）最小一乘法算法描述

假定 x，y 之间线性函数关系，设有 n 个样本点 (x_1, y_1)，(x_2, y_2)，$\cdots$，(x_n, y_n)，利用此数据确定直线方程 $y = a + bx$。最小一乘法准则是让各样本点沿 y 轴到直线的绝对值之和最小。

对于二元线性回归模型，最小一乘法目标函数为：

$$f = \sum_{i=1}^{n} |y_i - a - bx_i| \tag{2-68}$$

式中 (x_1,y_1)，(x_2,y_2)，…，(x_n,y_n) ——n 个样本点。

当 f 最小时，对应的 a 和 b 即为最优直线的参数。

若已知直线上两点 (x_i,y_i)，(x_j,y_j)，则直线方程 $y = a + bx$ 的参数为

$$\begin{cases} a = \dfrac{(x_j y_i - x_i y_j)}{x_j - x_i} \\[2mm] b = \dfrac{(y_j - y_i)}{x_j - x_i} \end{cases} \tag{2-69}$$

根据最小一乘法的性质，只要设法找到 (x_i,y_i)，(x_j,y_j) 则最优直线确定。下面给出本算法：

1. $i = 1$。

2. 假设过其中一个样本点 (x_i,y_i)，

则另一样本点为 (x_j,y_j)，$(i+1) \leqslant j \leqslant n$ 分别计算出 $n-i$ 条直线方程的斜率 b，截距 a 最小绝对值之和 d。找到绝对值之和最小的 d，它所对应的斜率另记为 b_i，截距另记为 a_i，绝对值之和记为 d_i。

3. 当 $i \leqslant (n-1)$ 时，重复步骤 2 的工作。

4. 比较所有 d_i 找到最小的，此 d_i 所对应的斜率 b_i，截距 a_i 即为所求 b 和 a。

（二）算法分析

1. 此算法是找过最优直线的两个样本点。具体方法是对 n 个样本点中的任意两个样本点分别作直线，并计算各样本点沿 y 轴到直线的绝对值之和，然后找到最小的绝对值之和，则此直线经过的两个样本点即为所求。

2. 此算法的计算量相对于搜索法比较大。绝对值之和、斜率、截距的计算量都是 $\sum\limits_{i=1}^{n-1} i$ 次。除此之外还需对所有的绝对值之和排序，找到最小的 d。和一些文献中的计算量比也有所增加，增加量约为 $\dfrac{1}{2} \sum\limits_{i=1}^{n-1} i$。

3. 此算法的解是唯一的，即直线方程可唯一确定。

4. 此算法精度高，也更易于理解，算法易于实现。相对于搜索法不存在初值选定的问题。

二、直线拟合最小二乘法

MLS 直线拟合是物理实验中的常用数据处理方法，MLS 直线拟合处理数据的优点在于理论上比较严格，在函数形式确定后，结果是唯一的，不会因人而异。

（一）MLS 直线拟合原理概述

假定所研究的变量 x 和 y 之间存在线性关系，则函数形式可写成 $y = a + bx$，由于自变量只有一个，故称为一元线性回归。利用测量的一组数据 $x_i, y_i (i=1, 2, \cdots, n)$ 来确定系数 a 和 b。由于测得的 x_i, y_i 不可能完全落在同一直线上，因此，对应于每个 x_i，观测值 y_i 和最佳经验公式的 y 之间存在一个偏差，我们称它为观测值 y_i 的残差 e。残差的正负和大小表示了实验观测点在回归法求得的直线两侧的分散程度。为了使残差的正负不抵消，且考虑

所有实验值的影响，我们计算残差的平方和 RSS。如果 a 和 b 的取值使残差的平方和 RSS 最小，a 和 b 即为所求值。

为使残差的平方和 $RSS = \Sigma(y_i) - (a + b(x_i)^2$ 最小，则其对 a 和 b 的一阶偏导等于零，二阶偏导大于零，即：$\dfrac{\partial RSS}{\partial \alpha} = 0$ 和 $\dfrac{\partial RSS}{\partial b} = 0$

$$\frac{\partial^2 RSS}{\partial^2 \alpha} > 0, \frac{\partial^2 RSS}{\partial^2 b} > 0$$

导出 $b = \dfrac{\Sigma(x_i - \overline{x})y_i}{\Sigma(x_i - \overline{x})^2}$

$$a = \frac{\Sigma\left(\Sigma\dfrac{x_i^2}{n} - \overline{x}x_i\right)y_i}{\Sigma(xi - \overline{x})^2} = \overline{y} - b\overline{x}$$

其中 $S_y = \sqrt{\dfrac{RSS}{v}} = \sqrt{\dfrac{\Sigma(y_i - a - bx_i)^2}{n - 2}} = \sqrt{\dfrac{e_i^2}{n - 2}} = S_e$

$$S_a = S_y\sqrt{\frac{\overline{x}^2}{\Sigma(x_i - \overline{x})} + \frac{1}{n}} \tag{2-70}$$

$$S_b = \frac{s_y}{\sqrt{\Sigma(x_i - \overline{x})^2}} \tag{2-71}$$

式中　S_y——代表函数 y 的偏差；

S_a，S_b——系数 a 和 b 的偏差。

（二）预测时的不确定度计算

1. 单次预测的不确定度计算

设 $y = a + bx$，由于预测点不一定落在拟合直线上，因此预测点的预测值为 $y^* = a + bx^* + e$，由于变量 x 的精度高，其不确定度忽略不计。预测值 y^* 的不确定度由 3 项合成，即 a，b 以及 e 三项合成。由于 a 和 b 相关，因此不能用独立变量的不确定度合成公式推导。因此将右式加一零量 $(b\overline{x} - b\overline{x})$ 变成

$$y^* = (b\overline{x} - b\overline{x}) + a + bx^* + e$$
$$y^* = (a + bx^*) + b\overline{x}^* - b\overline{x} + e = \overline{y} + bx^* - b\overline{x} + e \tag{2-72}$$

设此时 $\overline{y} = a + bx^*$ 且 $\overline{y}$，b 和 e 互不相关，预测值 y^* 的不确定度可由 $\overline{y}$，b 和 e 按不确定度传播公式展开

$$U_y^* = \sqrt{\left(\frac{\partial y^*}{\partial \overline{y}}S_{\overline{y}}\right)^2 + \left(\frac{\partial y^*}{\partial b}S_b\right)^2 + \left(\frac{\partial y^*}{\partial e}S_e\right)^2}$$

$$S_{\overline{y}} = \frac{S_y}{\sqrt{n}}, S_b = \frac{S_y}{\sqrt{\Sigma(x_i - \overline{x})^2}}, S_e = S_y$$

$\dfrac{\partial y^*}{\partial \overline{y}} = 1$，$\dfrac{\partial y^*}{\partial b} = x^* - \overline{x}$，$\dfrac{\partial y^*}{\partial e} = 1$ 代入上式得

$$U_y^* = \sqrt{S_y^2 + (x^* - \overline{x})^2 S_b^2 + S_e^2} = \sqrt{\frac{S_y^2}{n} + (x^* - \overline{x})^2 + \frac{S_y^2}{\Sigma(x_i - \overline{x})^2} + S_y^2}$$

$$= S_y\sqrt{1 + \frac{1}{n} + \frac{(x^* - \overline{x})^2}{\Sigma(x_i - \overline{x})^2}}$$

考虑到 t 因子，$U_y^* = t_{v-2} S_y \sqrt{1 + \dfrac{1}{n} + \dfrac{(x^* - \overline{x})}{\sum (x_i - \overline{x})^2}}$ （2-73）

式中　　U_y^*——不确定度传播公式；

$\quad\quad\quad e$——观测值 y_i 的残差；

$\quad\quad\quad y^*$——预测点的预测值

$\quad\quad\quad \nu$——自由度，由于有两个变量，自由度 $\nu = n - 2$，上式即为单次预测时的不确定度计算公式。

2. 多次预测（预测均值）的不确定度计算

预测点的预测值为 $y_i^* = a + bx_i^* + e_i$，由于是对同一点的多次预测，x_i^* 相等为 x^*，预测次数为 m，取均值得：

$\overline{y^*} = a + bx^* + \dfrac{\sum e_i}{m}$ 将其变形

$$\overline{y^*} = (a + b\overline{x}) + b(x^* - \overline{x}) + \dfrac{\sum e_i}{m} = \overline{y} + b(x^* - \overline{x}) + \dfrac{\sum e_i}{m}$$

其中 $\dfrac{\sum e_i}{m}$ 的不确定度为 $\dfrac{S_y}{\sqrt{m}}$，$\overline{y}$，b 的不确定度与单次预测中的相同。带入后得 m 次预测的不确定度公式：

$$U_y^* = \sqrt{\dfrac{s_y^2}{n} + (x^* - \overline{x})^2 \dfrac{s_y^2}{\sum (x_i - \overline{x})^2} + \dfrac{s_y^2}{m}} = S_y \sqrt{\dfrac{1}{m} + \dfrac{1}{n} + \dfrac{(x^* - \overline{x})^2}{\sum (x_i - \overline{x})^2}} \quad (2-74)$$

当 $m \to \infty$ 时，由于测量符合正态分布，利用正态分布特性 $\sum e_i = 0$，则多次预测的上述不确定度公式变为 $U_y^* = \sqrt{\dfrac{s_y^2}{n} + (x^* - \overline{x})^2 \dfrac{s_y^2}{\sum (x_i - \overline{x})^2}} = S_y \sqrt{\dfrac{1}{n} + \dfrac{(x^* - \overline{x})^2}{\sum (x_i - \overline{x})^2}}$，一般情况下，预测次数 $m < n$，因此不确定度计算时，根号下的 $\dfrac{1}{m}$ 不应忽略。

考虑到 t 因子，$U_y^* = t_{v-2} S_y \sqrt{\dfrac{1}{m} + \dfrac{1}{n} + \dfrac{(x^* - \overline{x})^2}{\sum (x_i - \overline{x})^2}}$ （2-75）

式中　　U_y^*——不确定度传播公式。

三、用微分法建立多元线性回归方程

如果随机变量 Y 和 m 个自变量 X 线性相关。已取得 n 组测量值 $(x_{1i}, x_{2i}, x_{3i}, \cdots x_{mi}, y_i)$，$i = 1, 2, 3, \cdots, n$ 且 $n > m + 1$ 各自变量之间相互独立，则可建立 m 元线性方程组[19]。

$$y = b_0 + \sum_{j=1}^{m} b_j x_j \quad (2-76)$$

当偏差平方和最小时，求出的 $b_0, b_1, b_2, \cdots b_m$ 即为回归方程的系数。偏差平方和表达式为

$$RSS = \sum_{i=1}^{n} \left[y_i - (b_0 + b_1 x_1 + \cdots + b_m x_m) \right]^2 \quad (2-77)$$

要求偏差平方和最小，只需对上式的 $b_0, b_1, b_2, \cdots, b_m$ 求一阶偏导，并令各偏导数等于零，便可求出回归方程的各系数。得到：

$$b_0 = \overline{y} - (b_1 \overline{x_1} + b_2 \overline{x_2} + \cdots + b_m \overline{x_m}) \quad (2-78)$$

以及正规方程组：

$$\begin{cases} L_{11}\,b_1 + L_{12}\,b_2 + \cdots + L_{1m}\,b_m = L_{1y} \\ L_{21}\,b_1 + L_{22}\,b_2 + \cdots + L_{2m}\,b_m = L_{2y} \\ \vdots\ L_{m1}\,b_1 + L_{m2}\,b_2 + \cdots + L_{mn}\,b_m = L_{my} \end{cases} \tag{2-79}$$

$$L_{ij} = L_{ji} = \sum_{k=1}^{n}(x_{ik} - \overline{x_i})(x_{jk} - \overline{x_j}) \quad 1 < i < m, 1 < j < m$$

$$L_{ii} = \sum_{k=1}^{n}(x_{ik} - \overline{x_i})^2 \quad 1 < i < m$$

$$L_{iy} = \sum_{k=1}^{n}(x_{ik} - \overline{x_i})(y_i - \overline{y}) \quad 1 < i < m$$

式中　L_{ij}——为变量 x_i 和 x_j 的协方差之和；

L_{ii}——为变量 x_i 离差平方和。

L_{iy}——变量 x_i 和变量 y 的协方差之和。

解此正规方程，可得回归系数 $b_0, b_1, b_2, \cdots, b_m$ 即可求得多元线性回归方程。可用行列式、消元法、矩阵法求解方程组。一般方程常用矩阵法，用矩阵法求解方程如下[20]：

$$L = \begin{bmatrix} L_{11} & L_{12} & \cdots & L_{1m} \\ \vdots & & \ddots & \vdots \\ L_{m1} & L_{m2} & \cdots & L_{mn} \end{bmatrix}, B = \begin{bmatrix} b_1 \\ b_2 \\ \cdots \\ b_m \end{bmatrix}, F = \begin{bmatrix} L_{1y} \\ L_{2y} \\ \vdots \\ L_{my} \end{bmatrix} \tag{2-80}$$

则方程组可改写成

$$LB = F$$

所以：$B = L^{-1}F$

对于多项式函数　　　　　$y = b_0 + b_1 x + b_2 x^2 + \cdots + b_m x^m \tag{2-81}$

可令 $x_1 = x, x_2 = x^2, \cdots, x_m = x^m$ 直接转化成多元线性回归问题，从原则上讲，任意的非线性函数均可以用多项式表示。

第五节　Excel 及 Matlab 软件在流体力学实验中的应用

Excel 软件是经微软公司研发而创造出的一种实用型办公软件，由于其具有数据处理、表格制作以及图表绘制等更为全面的数据处理功能，所以在数据处理领域中迅速得到了应用和普及。作为数据工程人员学术交流和科研的主要内容，数据统计、表格绘制以及数据图形描述等数据处理过程都需要利用数据软件才能完成。Excel 的研发与使用，使得数据处理过程实现了从手工计算向计算机数据处理的飞跃，并且具有更快的数据处理速度和更高的处理精度。Excel 软件应用简洁，并且具有更为全面的处理功能，这也使得 Excel 软件工具在发展中始终受到数据处理领域的高度关注。Excel 软件的发展始于 1987 年，并且在之后的数年中，不断推出新版本，这使得 Excel 软件的性能和功能得到了进一步的提升，加上界面的优化，图形功能的融入以及编辑环境的简洁等都使得 Excel 软件在数据处理过程中得以迅速普及，并在当下确立了其在数据处理领域中的主导作用。

一、Excel 数据处理功能总结

Excel 作为微软办公软件的重要构成部分，具有数据处理效率高和功能丰富的特点，数

据处理过程中应用到 Excel 功能主要包括图标集、数据条的使用，数据筛选、分类与统计，数据透视表构建及其他形式图标的建立等。在 Excel 数据处理使用中，用户能够根据自己的使用习惯建立可视化的数据分析图表，并通过向数据区域单元格中分配不同的颜色、不同长度的阴影数据条或图标等，使得数据处理界面得以进一步丰富。在 Excel 提供的通用规则中，软件还为用户提供了更为广阔的识别项目，如对数字制定项的最大或最小百分数制定，单元格数据大于或小于平均值等。此外，在 Excel 数据处理功能中，表格的功能使用也为用户提供了创建、扩展表的权限，如用户能够利用标题单元格中的快速筛选按钮对数据进行快速排序与筛选，在公式中使用指定项目和标题名称代替单元格的引用等。数据分类统计作为数据处理功能的重要组成，囊括了数据排序、数据筛选和分类汇总等一系列功能，在数值排序中，Excel 通过不断完善功能使得数据筛选范围得以进一步拓宽，如用户可以按照单元格图表、字体颜色等多种标准实现数据排序。数据透视图表绘制是对 Excel 数据处理结果的直观展现。在 Excel 的数据透视图表构建中，图像构建效果得到进一步完善，如边缘柔化、倾斜效果以及 3D 效果的应用等，用户通过更换图表类型使得数据在处理后能够更为直观地呈现出来。

二、Excel 软件及其在流体力学实验中的应用

下面介绍 Excel 软件流体力学实验中的应用实例，选择 Excel 软件来处理和分析塔板流体力学和塔板效率的实验数据。一般进行化工塔板流体力学和塔板效率实验所得实验数据多，实验数据处理量大，计算公式复杂。采用手工计算处理，不仅需要较长时间，而且十分烦琐。如果采用计算机语言（如 Basic 语言，C 语言等）编程，由于涉及变量太多，变量之间容易混淆，程序阅读困难，不容易做到直观清晰。而利用 Excel 电子表格变量清晰明确，可以快速、准确地进行大量的数据处理。另外，对于工业中的实际精馏塔，也可以利用该软件进行塔板流体力学的设计计算和塔板效率的估计，以指导生产实际。

（一）塔板流体力学实验

1. 计算方法

实验过程中需要记录的实验数据包括设计变量和操作变量，分别为：

（1）设计变量：塔径，板间距，相对全塔面积开孔率，堰高，堰长，底隙；

（2）操作变量：温度，孔板流量计测量液密度，孔板流量计压降，液相转子流量计流量，塔板压降，雾沫夹带量，漏液量。

对流体力学实验数据进行处理时，所用到的主要计算公式如下：

（1）汽相流量 V（m^3/h）

$$V = C_0 A \sqrt{\frac{2g\Delta h(\rho_1 - \rho_2)}{\rho_2}} = 0.07137\sqrt{\frac{\Delta h(\rho_1 - \rho_2)}{\rho_2}} \times 3600$$

式中 ρ_1, ρ_2 ——测量液密度（kg/m^3）；

         Δh——孔板流量计液面高度差（cm）。

（2）液相密度 ρ_v（kg/m^3）

$$\rho_v = \frac{PM}{RT}$$

式中 P——气相压力（Pa）；

         M——气相分子量（g/mol）；

R——通用气体常数；

T——绝对温度（K）。

（3）降液管出口面积 $A_0(\mathrm{m}^2)$

$$A_0 = l_w \cdot h_0$$

式中　l_w——堰长（m）；

h_0——降液管底隙（m）。

（4）塔截面积 $A_T（\mathrm{m}^2）$

$$A_T = \frac{\pi}{4}D^2$$

式中　D——塔径（m）。

（5）弓型降液管面积 $A_f(\mathrm{m}^2)$

$$A_f = \frac{1}{4}D^2\arcsin\left(\frac{l_w}{D}\right)\frac{1}{4}l_w\sqrt{D^2 - l^2{}_w}$$

（6）空塔速度 $U(\mathrm{m/s})$

$$U = \frac{4V/3600}{\pi D^2}$$

（7）孔速度 $u_0(\mathrm{m/s})$

$$u_0 = \frac{U}{\delta}$$

式中　δ——相对全塔面积的开孔率（%）。

（8）孔动能因子 F_0 为气相比重

$$F_0 = u_0\sqrt{r_G}\,r_G$$

（9）溢流强度 $L_w（\mathrm{m}^3/（\mathrm{h.m}）)$ 为液相流量。

$$L_w = \frac{L}{L_w}L（\mathrm{m}^3/\mathrm{h}）$$

（10）堰上液层 $h_{ow}(\mathrm{mm})$

$$h_{ow} = 2.84\left(\frac{L}{L_w}\right)^{2/3}$$

（11）板上清液层高 $h_L(\mathrm{mm})$ 为堰高。

$$h_L = h_w + h_{ow}\,h_w$$

（12）干板压降 $h_d(\mathrm{mm})$

$$h_d = 1000 \times \zeta\frac{u_0^2}{2g}\frac{\rho_v}{\rho_L}$$

根据干板压降的实验数据，回归关联得 $\zeta = 2.1$。

（13）塔板压降 $h_p = h_d + 0.5\,h_L$

（14）降液管阻力 $h_\Gamma(\mathrm{mm})$

$$h_\Gamma = 153\left(\frac{L/3600}{L_w h_0}\right)^2$$

（15）降液管液层高度 $H_d(\mathrm{mm})$

$$H_d = h_L + h_p + h_\Gamma$$

（16）停留时间 τ（sec）

$$\tau = \frac{A_f \cdot H_T}{L/3600}$$

式中　A_f ——降液管截面积（m²）；

　　　　H_T ——板间距（m）。

（17）雾沫夹带 e_v（kg液/kg汽）

$$e_v = \frac{0.0057}{\sigma}\left(\frac{w_G}{H_T - h_f}\right)^{3.2}$$

式中　　　　　σ ——表面张力（mN/m）；

$$w_G = \frac{V/3600}{A_T - A_f};$$

　　　　A_T ——全塔截面积；

$$h_f = 2.5\, h_L/1000。$$

由上述计算公式可以看到，实验涉及变量和公式相当多，不采用计算机处理其计算量相当大。为了便于 Excel 电子表格处理，将变量分为两类，即不经过计算直接赋值的变量和经过计算后赋值的变量。将以上变量和公式输入到 Excel 软件中，输入顺序为：直接赋值的变量名→单位→数值→计算后赋值的变量名→单位→数值。在某一个实验条件下数据处理结果列于表 2-5。

表 2-5　电子表格处理塔板水力学实验结果

实验日期：2001/3/20　无悬浮液筛板塔实验报告表			
实验温度（℃）	19	降液管面积（m²）	0.01638
孔板测量液密度（kg/m³）	1000	液体出口面积（m²）	0.01008
板流量计压降（mm）	10	塔截面积（m²）	0.1735
塔板压降（mm）	44	空塔速度（m/s）	0.6531
雾沫夹带（kg液/kg汽）	0.006644	孔速度（m/s）	10.0165
漏液（kg液/kg液）	0.001794	孔动能因子	10.83
汽相负荷（m³/h）	407.6895	溢流强度（m)³/m·h）	13.51
液相负荷（m³/h）	4.54	干板压降（mm）	12.56
汽相密度（kg/m³）	1.1680	堰上液层（mm）	16.11
液相密度（kg/m³）	1000	板上液层高（mm）	46.11
表面张力（dyne/cm）	73	单板压降（mm）	35.61
塔径（m）	0.47	降液管阻力（mm液）	2.39
板间距（m）	0.3	降液管液层（mm）	84.12
全塔面积开孔率（%）	0.0652	停留时间（sec）	3.90
堰高 h_w（m）	0.03	W_G（布孔区气速度）（m/s）	0.7208
堰长 l_w（m）	0.336	H_f（泡沫层高度）（m）	0.1153
底隙 h_0（m）	0.03	雾沫夹带（kg液/kg汽）	0.0061

表 2-8 清晰地给出了我们所需要的有用信息，包括变量名、单位和数值，利用 Excel 软件能够快速、准确地得到结果。固定塔板结构参数，在不同实验条件下的一组实验结果整理后列于表 2-8。其中塔板结构参数是：开孔率为 0.0652，堰高 30mm，塔径 0.475m，板间距 0.3m，筛孔孔径 10mm。表 2-8 中 V（m³/h）是汽相流量，L（m³/h）是液相流量，e_v 是（$kg_{液}/kg_{汽}$）雾沫夹带，ΔP（mm 水柱）是塔板压降，Q（$kg_{液}/kg_{液}$）是漏液率。

因此利用 Excel 电子表格可以对不同的塔板操作条件很方便地进行数据处理。同时由表 2-8 可以看出，雾沫夹带和塔板压降的计算值与实验值吻合较好，说明实验结果和计算方法可靠，可以利用所建立的水力学实验装置作进一步地有悬浮液筛板塔实验。

2. 塔板效率实验

塔板效率实验是利用空气将溶解在水中的 O_2 解吸。其传质过程为液膜控制，以液相为基准的塔板

效率表示为：

$$\eta = \frac{x_i - x_0}{x_i - x_0^*} \times 100\%$$

式中　　x_i ——进口液相中 O_2 的浓度，mg/L；

　　　　x_0 ——出口液相中 O_2 的浓度，mg/L；

　　　　x_0^* ——与离开塔板的气相平衡时出口液相中 O_2 的浓度，mg/L。

影响塔板效率的因素十分复杂，包括物性参数、塔板结构参数、流体力学参数以及操作参数和相平衡关系等。美国化学工程师学会进行了多年的专题研究，将各因素综合成 4 项关系：气相传质速率、液相传质速率、塔板上液相返混及雾沫夹带等，最后整理成一套计算方法。如下列步骤所示：

（1）板上汽相传质单元数：

$$N_G = \left(0.776 + 4.56\, h_w - 0.24F + 105\left(\frac{L}{l_f}\right) + 2.4\Delta\right)(S_c)^{-0.5}$$

式中　　F ——气相动能因子；

　　　　l_f ——平均液流宽度；

　　　　Δ ——内外堰间的液面高差；

　　　　S_c ——是气相史密特准数。

（2）板上液相传质单元数：

$$N_L = 197\, D_L^{0.5}(0.394F + 0.17\, t_L)$$

式中　　t_L —— 液相停留时间。

（3）点效率的计算：已知 N_G 及 N_L 后，可根据下式求得点效率 E_{ov}。

$$\frac{1}{-ln(1 - E_{ov})} = \frac{1}{N_G} + \frac{1}{A\, N_L}$$

（4）无雾沫夹带时的干板效率 E_{MV}：

$$\frac{E'_{MV}}{E_{OV}} = \frac{1 - \exp(-(\eta + P_e))}{(\eta + P_e)\left(1 + \frac{\eta + P_e}{\eta}\right)} + \frac{\exp(\eta) - 1}{\eta\left(1 + \frac{\eta}{\eta + P_e}\right)}$$

其中 $\eta = \dfrac{P_e}{2}\left(\sqrt{1 + \dfrac{4E_{OV}}{AP_e}} - 1\right)$，$P_e = \dfrac{z_1^2}{D_E t_L}$

（5）有雾沫夹带时的塔板效率 E'_{MV}

$$E_{MV} = \frac{E'_{MV}}{1 + \dfrac{e_V\, V_{\rho\nu}}{L\, \rho_L}\, E'_{MV}}$$

通过实验测定的是 E_{ML}，根据 E_{MV} 和 E_{ML} 的如下关系求得 E_{ML}。

$$E_{MV} = \frac{E_{ML}}{E_{ML} + \dfrac{1}{A}(1 - E_{ML})}$$

同样以上变量和公式如果不利用计算机进行数据处理将十分烦琐，将有关变量和公式输入到 Excel 软件后，处理结果列于表 2-6。

表 2-6　塔板水力学实验数据处理结果

编号	V	L	e_V		ΔP		Q
			实验值	计算值	实验值	计算值	
1	496.09	4.26	0.0119	0.0111	43.1	41.90	0.0003
2	496.09	4.58	0.0124	0.0115	47.9	42.29	0.0003
3	496.09	5.32	0.0125	0.0123	48.7	43.14	0.0003
4	496.09	6.06	0.0131	0.0133	48.7	43.95	0.0004
5	496.09	6.06	0.0135	0.0145	51.6	44.89	0.0003
6	496.09	7.31	0.0131	0.0150	52.2	45.25	0.0004
7	496.09	9.13	0.0136	0.0178	56.3	47.02	0.0003
8	496.09	9.71	0.0147	0.0188	57.9	47.55	0.0003

表 2-7 说明塔板效率的计算值（0.5030）与实验值（0.4809）吻合较好，说明实验结果和计算方法可靠，可以利用所建立的塔板效率实验装置作进一步的有悬浮液筛板塔实验。

表 2-7　Excel 电子表格处理塔板效率实验结果

温度（℃）	14	气相传质单元数 Ng	1.7326
平衡氧浓度（mg/L）	5.75	液相流程长度 Zl（m）	0.3286
进口氧浓度（mg/L）	9.43	板上持液量（m³/m²）	0.0405
出口氧浓度（mg/L）	7.66	液相扩散系数（cm²/s）	2.351E-05
液相塔板效率	0.4809	液相停留时间（sec）	1.7508
气相黏度（μPa·s）	0.018	液相传质单元数（N_i）	0.7177
气相扩散系数（cm²/s）	0.1779	点效率（E_{OV}）	0.0004621
气相密度 ρs（kg/m³）	1.1884	涡流扩散系数 D_e m²/s	0.002428
S_C 准数	0.8515	P_e 准数	25.4048
气相动能因子 F	0.6578	η 数	0.6982
平均液流宽度 l_f（m）	0.403	气相塔板效率 E_{mv}	0.0006517
氧平衡常数（m）	68019.3	修正后的气相塔板效率 E_{mv}	0.0006517
操作线与平衡线斜率之比 A	0.0006441	液相塔板效率 E_{ml}	0.5030

三、Matlab 软件及其在流体力学实验中的应用

目前的测量数据处理通常使用 Excel 编程的方法，其优点是编写简单，具有可视化的表格，方便数据的输入和格式的套用，但难以形成特定的测量实习作业计算表格，且易于出错。相对而言，Matlab 计算功能强大，语法简单，函数丰富，算法可靠，图形操作能力强，不仅可以解决测量平差问题，还可以建立人机交互的可视化界面，避免了 Excel 容易出错的不足。通过编制可执行文件使软件操作更加简单、方便。在测量实习中，将该软件与电子经纬仪配合，可以在一定程度上解决目前许多高校全站仪尚未普及的问题。

Matlab 语言是美国 MathWorks 公司开发的计算机软件，是一种在工程计算领域广为流行的程序包。Matlab 通常只要一条指令就可以解决诸多在一般高级语言需要进行复杂编程才能解决的问题，诸矩阵运算（求行列式、求逆矩阵等）、解方程、作图、数据处理与分析、快速傅立叶变换（FFT）、声音和图像文件的读写等，从而使人们从繁琐的程序编写与调试中解脱出来。此外，MathWorks 公司针对不同应用领域，推出了诸如信号处理、偏微分方程、图像处理、小波分析、控制系统、神经网络、鲁棒控制、优化设计、统计分析、通信等多种专门功能的开放性的工具箱。这些工具箱是由该领域内的专家学者编写，用户可直接运用工具箱，同时由于工具箱源程序代码是公开的，用户也可以对其进行二次开发，使其适合自己的使用。

（一）Matlab 绘图的基础知识—绘图命令简介

1. Matlab 的绘图命令大致可以分为三大类：

（1）绘制图像：此命令用以绘制所需的图像。如 plot、fplot、mesh、surface 等。

（2）屏幕控制：控制屏幕显示的各项功能。如 clg、grid、hold、subplot 等。

（3）输出：显示指定文字与相关的信息。如 xlabel、ylabel、gtext、title 等。

2. Matlab 绘图命令的基本用法

用户将 x 和 y 轴的两组数据分别在两个向量如 x 和 y 中储存，它们的长度相同，格式为：x：$[x_1, x_2, x_3, \cdots, x_n]$；$y$：$[y_1, y_2, y_3, \cdots, y_n]$，则可以简单而直观形象地调用 plot 函数，其调用格式为：plot (x, y)。例如，当需要画一个 0 到 π 的正弦图形时，可以在 Matlab 的命令窗口中直接输入如下命令：

$$t = 0 : pi/100 : 2^* pi;$$
$$y = \sin(t);$$
$$plot(t,y)$$

一个 plot 命令可以同时画多个图形。例如，当需要在同一个坐标系内画出两个相对于 t 的正弦函数图形时，可以在 Matlab 的命令窗口中直接输入如下命令：

$$t = 0 : 0.1 : 2^* pi$$
$$y1 = \sin(t-.25); y2 = \sin(t-1)$$
$$plot(t,y1,t,y2)$$

可得到如图 2-3 所示的结果图。

（二）Matlab 在数据处理和绘图中的应用

1. 隐函数作图

在工程的理论研究中，常会得到一些超越函数，无法显式表述变量间的函数关系，此时一般通过数值解法求得其函数曲线，一般的高级语言编程是比较复杂的，而用 Matlab 则只

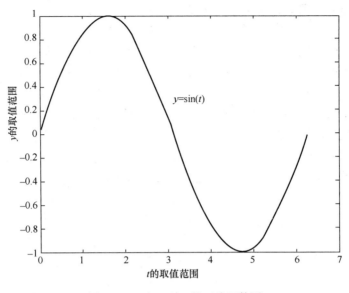

图 2-3　一个 0 到 π 的正弦函数图

要一个语句就可以实现，例如有超越函数：$e^{xy}=x+y-xy$；$x\in[-1，2]$，现要求作出函数曲线图：只需下面的一个语句，不需编程就实现了如图 2-4 所示的函数曲线。

$\gg$ezplot('exp($x*y$)$+x*y-x-y$'，$[-1，2]$)

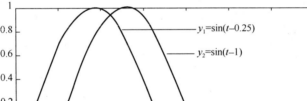

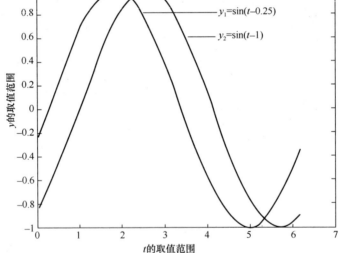

图 2-4　同一个坐标系内画出两个相对于 t 的正弦函数图

2. 曲线优化

在理论计算和实验研究中，由于条件和时间方面的原因，得到的往往是一些零星的数据表，这就有必要将这些数据进行拟合得到关系曲线。有时还很有必要对曲线优化，使其更好地反映事物本质。假设现有如表 2-8 所示的数据，要求画出曲线图。

以前研究小组常采用 C 语言进行编程，用数值分析方法来进行拟合，并求出最优曲线，花去了相当多的精力和时间，现采用 Matlab 来编程，就相当简单。只需要以下四个语句，即可得如图 2-5 所示的原始曲线图。

表 2-8　优化数据表

t	0	0.1	0.2	0.3	0.4	0.5	0.6	…	2.0
y	5.8955	3.5639	2.5173	1.9790	1.8990	1.3938	1.1359	…	0.2636

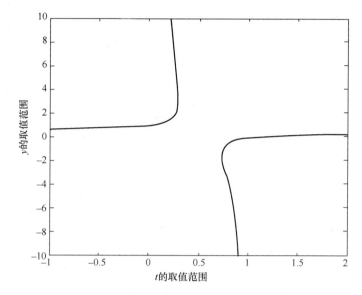

图 2-5　$e^{xy} = x + y - xy$；$x \in [-1, 2]$ 函数曲线

四个语句如下所示：

$$≫t = (0：1：2)$$
$$≫y = [5.8955 3.5639 2.5173 1.9790 1.8990 1.3938 1.1359 1.0096 1.0343\cdots$$
$$0.8435 0.6856 0.6100 0.5392 0.3903 0.5474 0.3459 0.1370\cdots 0.2211 0.1704 0.2636]';$$
$$≫plot(t, y', ro'; holdon; h = plot(t, y', b'); hold off;$$
$$≫title('Inputdata'); ylim([06]);$$

而用 Matlab 对现有曲线进行曲线拟合，并求出最优曲线，可使用 fitfun 函数实现曲线拟合和优化依据

$y = c(1)^* \exp(-lambda(1)^* t) + \cdots + c(n)^* \exp(-lambda(n)^* t)$ 函数进行源程序如下。

$$≫typef itfun$$
$$≫start = [1; 0];$$
$$≫options = optimset('TolX', 0.1);$$
$$≫estimated\_lambda = fminsearch(@(x)fitfun(x, t, y, h), start, options)$$

程序运行时，可以从窗口看到对拟合的曲线进行优化的全过程，完成优化后的曲线如图 2-7 所示。

3. C60 的建模

为 C60 建模的思路为：首先产生正二十面体，然后从约三分之一棱处，截除二十个顶角，得到模型。用其他语言建模编程不易，用 Matlab 的 bucky 对象可很方便地实现。相关图示参见图 2-6～图 2-8。

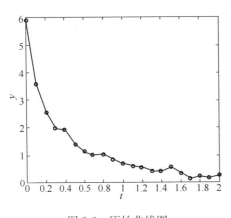

图 2-6　原始曲线图

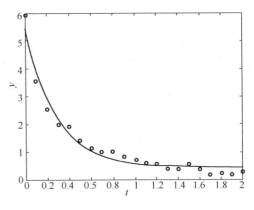

图 2-7　优化后的曲线图

第一步：求出 C60 原子坐标和键数

>>[B，V]＝bucky；

>>H＝sparse(60，60)；

>>k＝31：60；

>>H(k，k)＝B(k，k)；

第二步：画出 C60 图示。

>>gplot(B－H，V′，b′_)；

>>holdon

>>gplot(H，V′，r′_)；

>>holdoff

>>axisoffequal

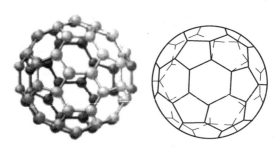

图 2-8　C60 的理想模型图与建模图的比较
左（理想图），右（建模图）

以上是在理论研究中经常遇到的一些实例，通过实例分析可见，Matlab 是一种高速、可靠和开放性的科学计算语言，在数据处理和图形处理上有着其他高等语言所不能及的优点，它具有使用简单、思路直观、编程高效的特点。如果能在理论研究中加以合理利用，可以从烦琐的编程、数据处理、制图等技术细节中解脱出来，将精力更多地投放到分析事物现象的本质和内在联系的科研中去，从而提高科研效率。

（三）Matlab 在流体力学实验中的应用

流体力学实验涉及实验数据较多，数据处理工作量较大，兼有作图，有的要多次重复使用一个或几个公式计算。在传统的实验教学方式下，学生把主要时间花在烦琐的数据计算方面，从而不再关注实验中的现象，整个实验没有充分发挥出实验教学应有的效能，学生没有通过实验加深对理论的理解和运用理论思考实验中的现象。其次，实验作为对理论知识掌握程度的一种量度，在传统的实验教学形式下其反馈周期过长，学生只有在实验报告返回之后才能知道实验过程是否操作正确，不能在实验过程中考虑错误实验数据的问题出现在哪里。因此，对传统实验教学进行创新成为提高实践教学质量的有效方法。

基于上述 Matlab 的功能及其特点，在流体力学实验中引入 Matlab 软件，以上问题不但可以得到解决，而且可以提高学生应用计算机处理数据的能力。根据流体力学实验的教学内容，结合 Matlab 软件的特点与功能，我们在流体力学实验教学中进行了实验设计。以流体力学中的雷诺实验为例，简要介绍了 Matlab 语言在数据输入、数值计算以及图形可视化方面的功能，展示 Matlab 在流体力学实验数据处理中简洁、快捷与直观等特点。

1. Matlab 在雷诺实验中的应用

在流体力学的教学中，为了使学生理解和掌握流体运动的两种主要状态——层流和紊流的判别，雷诺实验占有很重要的地位。

（1）实验原理

实际流体的流动会呈现出两种不同的形态：层流和紊流。它们的区别在于：流动过程中流体层之间是否发生混掺现象。在紊流流动中存在随机变化的脉动量，而在层流流动中则没有。圆管中恒定流动的流态转化取决于雷诺数 $Re = \upsilon d/\nu$，d 是圆管直径，υ 是断面平均流速，ν 是流体的运动黏性系数。

圆管中定常流动的流态发生转化时对应的雷诺数称为临界雷诺数，又分为上临界雷诺数和下临界雷诺数。上临界雷诺数表示超过此雷诺数的流动必为紊流，它很不确定，跨越一个较大的取值范围。有实际意义的是下临界雷诺数，表示低于此雷诺数的流动必为层流，有确定的取值，圆管定常流动的下临界雷诺数取为 $Re=2300$。

（2）实验数据处理

在实验中把颜色水注入实验台管内，为了测量下临界雷诺数，将实验台调节阀打开，使管中呈完全紊流，再逐步关小调节阀使流量减小。当流量调节到使颜色水在全管刚呈现出一稳定直线时，即为下临界状态。整个实验过程中调节阀门，水流速度由大到小，紊流状态测 2 次水量和时间，下临界状态测 1 次水量和时间，层流状态测 2 次水量和时间，每个状态均用体积法测定流量。5 次实验数据记录表如表 2-9 所示。

表 2-9 实验记录表

实验次数	出水体积（m³）	秒表时间（s）	运动黏度（m²/s）
1	8×10^{-3}	60.13	1.310×10^{-6}
2	8×10^{-3}	123.28	1.310×10^{-6}
3	8×10^{-3}	244.56	1.310×10^{-6}
4	8×10^{-3}	388.42	1.310×10^{-6}
5	8×10^{-3}	510.28	1.310×10^{-6}

在雷诺的实验中，编写简单的 Matlab 的 ＊.m 文件，对实验数据进行处理，求出雷诺数，并做出雷诺数与流量的关系图如图 2-9 所示。

$V=$［8e−3 8e−3 8e−3 8e−3 8e−3］%－出水体积；

$S=$［60.13 123.28 244.56 388.42 510.28］%－出水量消耗的时间；

$Q=\dfrac{V}{S}$%－计算流量；

$\nu=1.310-6$%－运动黏度；

$d=0.014$%－试验台管直径

$Re=4*Q./(pi*d*v)$%－计算雷诺数；

Plot（Q，Re，Q，Re，'＊'）％－计算雷诺数与出水体积的关系曲线图；

xlabel（'Q流量'）％－坐标抽横坐标标注；

ylabel（'Re流量'％－坐标轴纵坐标标注；

上述命令运行完后即得：

Re＝1.0e＋003 ＊ 9.2365 1.0e＋003 ＊ 4.5051 1.0e＋003 ＊ 2.2710 1.0e＋003 ＊ 1.4299 1.0e＋003 ＊ 1.0884，且得到下临界雷诺数为2271。

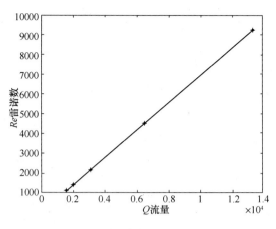

图 2-9　雷诺数与流量的关系图

2. 讨论

从上面的程序可以看出，用 Matlab 语言编写应用程序处理实验数据比 C 语言及 Fortran 语言更加简单易用，编程如同列算式一样，不易出错，且利于调试和修改，数据和处理结果可视化。因此可成为高效的处理流体力学实验数据的帮手。从实践效果看，利用 Matlab 软件进行流体力学实验教学对于学生理解和掌握课程的基本原理内容是非常有帮助的，同时随着该软件计算功能的进一步增强和课程实验设计的深入开展，充分利用以 Matlab 为代表的计算软件包进行专业课程的辅助实验教学不但提高了学生的学习积极性，加深了学生对实验原理的认识，而且十分有助于对专业课程课堂理论教学内容的理解和掌握，对学生熟悉和应用 Matlab 软件也起到一定的积极作用。

参 考 文 献

[1]　欧阳红东．数据处理中 Excel 的应用分析[J]．电脑知识与技术，2014，10(9)：2051-2052.

[2]　雷志刚，陈标华，李成岳．Excel 软件在塔板流体力学和塔板效率实验中的应用[J]．计算机与应用化学，2002，19(6)：775-778.

[3]　鄢喜爱，杨金民，田华．Matlab 在数据处理和绘图中的应用[J]．科学技术与工程，2006，6(22)：3631-3633.

[4]　郭炜，刘锋．浅谈 MATLAB 在流体力学实验中的应用[J]．中国电力教育，2012，14：121-122。

[5]　章渭基，偶然误差与系统误差的合成[J]；南京理工大学学报(自然科学版)；1980(2)：60-63.

[6]　徐兰云．物理实验设计中的误差分配和误差分析[J]，湘潭师范学院学报(自然科学版)，2003，25(1)：115-117.

[7]　Shesheng Gao，Li Xue，Yongmin Zhong，Chengfan GuRandom weighting method for estimation of error characteristics in SINS/GPS/SAR integrated navigation system[J]，2015，46：22-424.

[8]　刘渊．误差理论与数据处理[D]．大连，大连理工大学，2008.

[9]　Wang Zhongyu, Gao Yongsheng. Detection of Gross Measurement Errors Using the Grey System Method[J]. The International Journal of Advanced Manufacturing Technology，2002，19(11)：801-804.

[10]　沙定国．误差分析与测量不确定度[M]．北京：中国计量出版社，2006.

[11]　达式奎．食品工程测试[M]．上海：上海交通大学出版社，1987.

[12]　张世英，刘智敏．测量实践的数据处理[M]．北京：科学出版社，1977.

[13] 董大钧，乔莉．误差分析与数据处理[M]．北京：清华大学出版社，2013.

[14] 章渭基，偶然误差与系统误差的合成[J]．南京理工大学学报（自然科学版），1980(20)：63-71.

[15] 钱政，贾果欣．误差理论与数据处理[M]．北京：科学出版社，2013.

[16] 姜长来．大学物理实验[M]．北京：机械工业出版社，1995.

[17] 赵军良．物理测量技术[M]．北京：科学出版社，2012.

[18] 康伟芳，薛玉春．大学物理实验[M]．西安：西安电子科技大学出版社，2008.

[19] 刘渊，丁建华．误差理论与数据处理[D]．大连：大连理工大学，2008：32-36.

[20] 钟继贵．误差理论与数据处理[M]．北京：水利电力出版社，1993：106-107.

第三章　相似性原理和量纲分析

在工程技术以及其他许多领域中，人们常希望利用模拟实验来代替对实际现象的研究。例如用水代替石油来研究它们在管道中的流动，把设计好的飞机缩小成模型放在风洞中试验其性能等。利用模拟实验来代替对实际现象的研究，就是对实际系统构建物理模型或数学模型进行研究，然后把对模型实验研究的结果应用到实际系统中去，这种方法也叫做模拟仿真研究，简称仿真。它所遵循的基本原则是相似原理，即几何相似、环境相似和性能相似。这样做不仅在经济上有很大的好处，带来很大的方便，而且还使我们有可能在一定程度上预言某些在目前尚无法达到的条件下出现的情况。怎样才能使模拟实验的结果真的对实际有指导意义呢？解决问题的关键是要通过相似性原理进行量纲分析。

量纲分析是在物理领域中建立数学模型的一种有效的方法。物理学之所以成为严谨的科学，得益于数学模型的利用。物理学的典型方法是把物理原型用数学模型表现出来，通过对输入和输出量的量纲比较，说明物理学规律。而量纲分析的建模基础主要是依据量纲分析理论中的白金汉（Buckingham）Ⅱ定理以及相似定律（law of similitude）。

第一节　量纲与量纲分析

一、量纲及单位制

辩证唯物主义告诉我们：事物是有普遍联系的，因此，在测物理量时所用的单位不用一一表示，可以通过选取几个相互独立的单位作为基本单位，而另外一些单位可通过物理关系式用基本单位来表示，这种单位称导出单位。由一定的基本单位及相应的导出单位构成一整套单位制。现行的单位制主要有国际单位制、工程单位制、高斯单位制等。

通过基本单位表示的导出单位的表达式称为量纲。或者说量纲是表征物理量按其性质不同而划分的类别，即量纲表示的是物理量的种类。量纲也称因次（Dimension）。单位是度量各种物理量数值大小的标准，即单位是度量某一物理量的基值，预先人为选定的。

现在使用的量纲符号是麦克斯韦引进的，即用 $[Q]$ 来记住一物理量 A 的量纲。从量纲定义可知物理量 Q 的量纲表达式为

$$[Q] = [X_1]^{a_1} [X_2]^{a_2} [X_3]^{a_3} \cdots [X_m]^{a_m} \tag{3-1}$$

式中　　$[X_1]^{a_1}$、$[X_2]^{a_2}$、$[X_3]^{a_3} \cdots [X_m]^{a_m}$——基本量纲；

$\qquad a_1, a_2, a_3, \cdots, a_m$——量纲指数。

如果量纲指数不全为零，称为有量纲量，否则称为无量纲量。从物理量 Q 的表达式可知：量纲只有在一定单位制中才能谈起。例如，电阻在高斯单位制中的量纲为 $L^{-1}T$，在电磁单位制中的量纲为 LT^{-1}。在国际单位制中，现已规定 7 个物理量为基本量，其相应的量纲符号分别为 [长度]=L、[质量]=M、[时间]=T、[电流]=I、[热力学温标]=Θ、[物质的量]=N、[发光强度]=J，则物理量 Q 的表达式又式（3-2）[1]，在此基础上通过各种物理定律可得出其他导出量。

$$[Q] = L^{a_1} M^{a_2} T^{a_3} N^{a_6} J^{a_7} \tag{3-2}$$

任何流体力学中的物理量都可以用上述基本量纲的某种组合，即导出量纲来表示；它们都可写作基本量纲指数幂乘积的形式，主要的有：

速度 $[v] = [LT^{-1}]$；

加速度 $[a] = [LT^{-2}]$；

力 $[F] = [LMT^{-2}]$；

角度 $[\alpha] = 1$；

压强、切应力 $[p] = [ML^{-1}T^{-2}]$；

密度 $[\rho] = [ML^{-1}]$；

功、能量、热量 $[W] = [E] = [Q] = [ML^2 T^{-2}]$；

功率 $[N] = [ML^2 T^{-3}]$；

黏性系数 $[\mu] = [ML^{-1}T^{-1}]$；

运动黏性系数 $[\nu] = [L^2 T^{-1}]$；

同一类别的物理量量纲相同，但可以用不同的单位去描述，具体的数值和单位就准确地表示出了该物理量的大小。从原则上讲，一个物理量可以有任意种单位，仅仅是为了交换概念和信息上的方便，才人为地规定了有限的几个具有普遍性的通用单位。由此可见，物理量是客观存在的，单位是人为制定用来度量物理量的。量纲与单位的关系便是内容与形式的关系。

[例 3-1]　一定形状的物体以速度 v 在黏滞流体中运动，求物体的黏滞阻力 T。

解：T 取决于物体的形状，物体的线度（如半径）r，运动的速度 v，流体的密度 ρ 及流体的黏度 η。当以质量、长度时间为基本量纲时，采用矩阵法可以列出 r, v, ρ, η, T 与基本量纲的关系如下：

表 3-1　r, v, ρ, η, T 与基本量纲的关系

	r	v	ρ	η	f
M	0	0	1	1	1
L	1	1	-3	-1	1
T	0	-1	0	-1	-2

设 $[f] = [r]^{X_1} [v]^{X_2} [\rho]^{X_3} [\eta]^{X_4}$ 按照等式两侧基本量量纲指数相等原则，可把上述矩阵转变为下列方程组

$$\begin{cases} X^3 + X^4 = 1 \\ X_1 + X_2 - 3X_4 - X_4 = 1 \\ -X_2 - X_4 = -2 \end{cases}$$

最后的结果 $X_1 = 2 - X_4$，$X_1 = 2 - X_4$，$X_3 = 1 - X_4$，$X_4 =$ 不定数，则量纲表达式为：

$$[f] = [r]^{2-X_4} [v]^{2-X_4} [\rho]^{1-X_4} [\eta]^{X_4} = [r]^2 [v]^2 [\rho] \left[\frac{\eta}{\rho v r}\right]^{X_4}$$

引入无量纲因子 φ，可把黏滞阻力写成 $f = \varphi r^2 v^2 \rho \left(\frac{\eta}{\rho v r}\right)^{X_4}$。实际上 $\frac{\rho v r}{\eta}$ 为一个无量纲因子，它在流体力学中是一个非常重要的物理量，称之为雷诺数，用 Re 表示，故黏滞阻力

的普遍公式为 $f = C(Re)r^2v^2\rho$ 式中的 C（Re）与 Re 有关，Re 与物体的形状有关，所以 C（Re）是一个描述物体形状的量。

二、量纲的运算规则

当用数学公式表示一个物理规律时，等号两边的每一项的量纲必须相同[3]。

（1）必须是具备相同量纲的物理量，才可以相加减。具相同量纲的物理量才可以相加减，这是必要条件，而不是充分条件。例如功和力矩，其量纲相同，皆为 L^2MT^{-2}，但它们代表不同的物理意义，仍然不能相加减.

（2）量纲为1的数 Q，其量纲指数均为零，因而有：

$$\dim Q = L^0M^0T^0 = 1$$

量纲为1的数可以不考虑单位制。例如：平面角 θ，立体角 Ω，精细结构常数 $\lambda_p\lambda_v^2 = \lambda_p$ 等。

（3）三角函数、指数函数、对数函数的量纲必为1。例如：$\sin x$，$\ln x$，$\exp x$ 等表达式中 x 的量纲必为1.

（4）每个物理量与它的单位必具有相同的量纲. 将物理量 Q 表示为 $Q = \{Q\}[Q]$

其中（Q）为其单位，$\{Q\}$ 为用该单位表示该物理量的数值。显然数值的量纲为1，因而该物理量 Q 与单位（Q）必具相同量纲. 例如力 F 的单位是 N，则

$$\dim F = \dim N = LMT^{-2} \tag{3-3}$$

值得注意的是，在不同单位制下，同一物理量的量纲不同。如真空中的介电常量 ε_0 在 CGS 单位制下量纲为1，而在 MKSA 单位制中 $\varepsilon_0 = 8.85 \times 10^{-12}F/m$，则

$$\dim\varepsilon_0 = \dim F/m = L^{-3}M^{-1}T^4I^2$$

量纲运算包括守恒判断、代数方程与微分方程的建立等方面所需要的种种运算。下面简要介绍量纲的加减运算、乘除运算、求导运算及指数运算。

（1）加减运算

具有相同量纲的物理量才可以相加减，故

$$\dim(Q_1 + Q_2) = \dim Q_1 + \dim Q_2 \tag{3-4}$$

（2）乘除运算

$$\dim Q_1 \times Q_2 = \dim Q_1 \times \dim Q_2 \tag{3-5}$$

$$\dim \frac{Q_1}{Q_2} = \frac{\dim Q_1}{\dim Q_2} \tag{3-6}$$

（3）积分与求导运算的量纲法则按上可知。例如加速度的量纲为

$$\dim a = \dim \frac{dv}{dt} = \frac{\dim dv}{\dim dt} = LT^{-2} \tag{3-7}$$

积分号相当于求和号，因此积分号本身不具量纲，但积分元是有量纲的，又如：

$$\varphi_A - \varphi_B = \int_A^B E^0 dl$$

$$\dim(\varphi_A - \varphi_B) = \dim V = L^2MT^{-3}I^{-1}$$

$$\dim E^0 dl = \dim E \dim dl = \dim V/m \dim m = \dim V = L^2MT^{-3}I^{-1}$$

（4）指数运算

$$\dim Q^n = (\dim Q)^n$$

$$\text{若 } \dim Q = L^\alpha M^\beta T^\gamma I^\tau, \dim Q^n = L^{\alpha'}M^{\beta'}T^{\gamma'}I^{\tau'} \tag{3-8}$$

必有　　　　　　　　　$\alpha' = n\alpha,\ \beta' = n\beta,\ \gamma' = n\gamma,\ \tau' = n\tau。$　　　　　　　(3-9)

即 Q'' 的各量纲指数均为 Q 的响应量纲指数的 n 倍。

下面举例说明采用量纲方程对流体力学中长直圆管中的层流流动进行的水力分析[4]。

[例 3-2] 黏性流体在水平放置的长直圆管中作定常层流流动。长直圆管的半径为 r、长为 Δx，两端截面处的压强分别为 $p+\Delta p$ 和 p，如图 3-1 所示，求其所服从的规律。

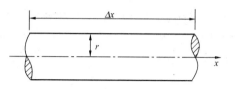

图 3-1　黏性流体在长直圆管中的定常层流

解：（1）最大流速 v_{max}

显然流速 v_{max} 应该取决于流体黏滞系数 μ，压强梯度 $\Delta p/\Delta x$ 和半径 r，v_{max} 与流体密度 ρ 无关，因为圆管内流体的流动为定常流动，流体没有被加速。

假设流体中心的流速 v_{max} 由下式决定

$$v_{max} = k(\mu)^x \left(\frac{\Delta p}{\Delta x}\right)^y (r)^z$$

这里 k 是量纲常数。

量纲方程为（以质量 M、长度 L、时间 T 为基本量）

$$[LT^{-1}] = [ML^{-1}T^{-1}]^x \left[\frac{MLT^{-2}}{L^2 L}\right]^y [L]^z$$

从而　　$x = -1$，$y = +1$，$z = +2$

所以 $v_{max} = k \dfrac{r^2}{\mu}\left(\dfrac{\Delta p}{\Delta x}\right)$

由量纲法不能确定量纲常数 k，严格的数学推导表明

$$k = \frac{1}{4},\ v_{max} = \frac{1}{4}\frac{r^2}{\mu}\left(\frac{\Delta p}{\Delta x}\right)$$

（2）体积流量 Q

单体时间内流过圆管任一截面的流体体积，即通过圆管的体积流量 Q，应该与流体的黏滞系数 μ，$\Delta p/\Delta x$，圆管半径 r 有关，而与流体密度无关。

设 $Q = k(\mu)^x \left(\dfrac{\Delta p}{\Delta x}\right)^y (r)^z$

由量纲方程有 $x = -1$，$y = +1$，$z = +4$

则 $Q = k\dfrac{r^4}{\mu}\left(\dfrac{\Delta p}{\Delta x}\right)$

经过数学推导有 $k = \dfrac{\pi}{8}$，所以 $Q = \dfrac{\pi r^4}{8\mu}\left(\dfrac{\Delta p}{\Delta x}\right)$，该式即为圆管流动的泊肃叶定律．

（3）临界速度 v_c

湍流开始时的体积流速为临界速度 v_c。实验发现，临界速度 v_c 与流体的黏滞系数 η，流体密度 ρ，圆管的直径 $2r$ 有关。

设 $x = -1$，$y = +1$，$z = -1$

量纲方程表明 $v_c = k(\rho)^x (\mu)^y (2r)^z$

则 $v_c = k\left(\dfrac{\mu}{2\rho r}\right)$

写成下列形式 $k = \dfrac{2\rho v_c}{\mu}$

但是由于 $Re = \dfrac{2\rho v}{\mu}$ 为雷诺数，所以 $k = Re_c$ 为临界雷诺数，则 $v_c = Re_c\left(\dfrac{\mu}{2\rho r}\right)$

由量纲方程处理的流体力学问题还有许多，这里就不一一列举。尽管量纲法能适用于物理学的所有分支，但其在处理黏性问题时显得尤为方便，因为这类问题的严格成套计算非常复杂，但在运用量纲分析法时应注意：

（1）该方法不能确定任何无量纲常数的值；

（2）使用时应该注意基本物理量的选择，力学中一般选质量 M、长度 L、时间 T 为基本物理量；

（3）建立方程时所进行的各量的分析，必须是在正确的物理思想和实验事实基础上的合理分析，这是量纲分析法解决问题的最关键的一步，下面将详细介绍量纲分析法的基本原理。

第二节　量纲分析法

量纲分析法是物理学、数学中建立数学模型的重要方法之一。在物理学中它不但可以用来检验物理关系的正确性，而且还能进行单位换算和推导一些公式及设计实验时做相似模拟的基础。本节将讨论量纲分析的理论基础及方法，并示范推导一些重要的公式和其他一些重要的应用方面。量纲分析法的基本原理主要是量纲和谐原理和 II 定理。量纲和谐原理适用于比较简单的问题，相关变量未知数不超过 4～5 个，II 定理则具有普遍适用性。

一、量纲和谐性原理（量纲齐次原则）

凡是正确反映客观规律的物理方程，其各项的量纲都必须是一致的，即只有方程两边量纲相同，方程才能成立。这就是量纲和谐原理，也称为量纲齐次原则。

[**例 3-3**] 设初速度为 v_0 以恒加速度 a 运动的物体，在时间 t 后，走过 s 距离的路程，其函数关系式为

$$S = v_0 t + \frac{1}{2}at^2$$

求其对应的量纲？

解：若选用质量的量纲 M，长度的量纲 L，时间的量纲 T，作为基本量纲。则上式中各项的量纲分别为：

$$[S] = L$$
$$[v_0 t] = (LT^{-1})(T^2) = L$$
$$\left[\frac{1}{2}at^2\right] = (LT^{-2})(T^2) = L$$

以上特例说明长度单位不论用米、厘米或英尺，时间单位不论用小时、分或秒，其结果不变，这虽然是特例，却具有一般性。说明自然规律的一切物理方程，不仅其等号两端的数值相同，而且其中各项的量纲也一定是一样的，这就叫物理方程的量纲和谐性。一个物理方程，如果其中各物理量的测量单位改变时，方程的形式不改变，或者说方程的文字结构不改变，这个方程就叫齐次方程。

根据物理方程量纲和谐性条件，设有一物理现象，物理量 y 是物理量 X_1，X_2，X_3，…，X_n 的一个函数，亦即

$$y = f(X_1, X_2, X_3, \cdots, X_n) \tag{3-10}$$

如果此函数为量纲和谐的函数，则其中各物理量的单位改变后，必有

$$y' = f(X'_1, X'_2, X'_3, \cdots, X'_n) \tag{3-11}$$

式中 y 与 y'，X_1 与 X'_1，…，X_n 与 X'_n 为用不同单位表示的同一物理量。

设各变量的量纲为：

$$[y] = M^a L^b T^c$$
$$[X_1] = M^{a_1} L^{b_1} T^{c_1}$$
$$[X_2] = M^{a_2} L^{b_2} T^{c_2}$$
$$\cdots\cdots$$
$$\cdots\cdots$$
$$[X_n] = M^{a_n} L^{b_n} T^{c_n} \tag{3-12}$$

按物理量单位转换公式，而有

$$\left.
\begin{aligned}
y' &= B^{a_1} B^{b_2} B^{c_3} y = Ky \\
X'_1 &= B_1^{a_1} B_2^{b_1} B_3^{c_1} X_1 = K_1 X_1 \\
X'_2 &= B_1^{a_2} B_2^{b_2} B_3^{c_2} X_2 = K_2 X_2 \\
&\cdots\cdots \\
&\cdots\cdots \\
X'_n &= B_1^{a_n} B_2^{b_n} B_3^{c_n} X_n = K_n X_n
\end{aligned}
\right\} \tag{3-13}$$

式中　B_1——质量单位转换系数；

$\qquad B_2$——长度单位转换系数；

$\qquad B_3$——时间单位转换系数。

$$\left.
\begin{aligned}
K &= B^{a_1} B^{b_2} B^{c_3} ; \\
K_i &= B_1^{a_i} B_2^{b_i} B_3^{c_i} ; \quad i = 1, 2, 3, \cdots, n
\end{aligned}
\right\} \tag{3-14}$$

因此，由（3-13）式得：

$$f(X'_1, X'_2, X'_3, \cdots, X'_n) = Ky$$

或 $f(K_1 X_1, K_2 X_2, K_3 X_3, \cdots, K_n X_n) = Kf(X_1, X_2, X_3, \cdots, X_n)$

$$\frac{f(K_1 X_1, K_2 X_2, K_3 X_3, \cdots, K_n X_n)}{f(X_1, X_2, X_3, \cdots, X_n)} = K \tag{3-15}$$

比值 K 和自变量 X_1，X_2，X_3，…，X_n 的值无关，而只和 K_1，K_2，K_3，…，K_n 这一组因子有关，写成函数的形式，就是

$$\frac{f(K_1 X_1, K_2 X_2, \cdots, K_n X_n)}{f(X_1, X_2, \cdots, X_n)} = K(K_1, K_2, K_3, \cdots, K_n) \tag{3-16}$$

下面我们来分析函数（K_1，K_2，K_3，…，K_n）应有的具体形式。

首先把方程（3-16）改写成

$$[K(K_1, K_2, K_3, \cdots, K_n)][f(X_1, X_2, X_3, \cdots, X_n)] = f(K_1 X_1, K_2 X_2, \cdots, K_n X_n)$$

此式对 K_1 求导数，则有：

$$\frac{\partial K(K_1, K_2, K_3, \cdots, K_n)}{\partial K_1}[f(X_1, X_2, X_3, \cdots, X_n)] = X_1 \left[\frac{\partial f(K_1 X_1, K_2 X_2, \cdots, K_n X_n,)}{\partial(K_1 X_1)} \right] \tag{3-17}$$

又该式对 X_1 求导数时有：

$$\left\{ K(K_1,K_2,\cdots,K_n)\left[\frac{\partial f(X_1,X_2,X_3,\cdots,X_n)}{\partial X_1}\right] \right\} = K_1\left[\frac{\partial f(X_1,X_2,X_3,\cdots,X_n)}{\partial (K_1X_1)}\right]$$

$$(3\text{-}18)$$

从方程（3-17）、（3-18）中消去 $\dfrac{\partial f(K_1X_1,K_2X_2,\cdots,K_nX_n)}{\partial (K_1X_1)}$

并把函数 $K[K_1,K_2,K_3,\cdots,K_n]$ 用 K 表示，则有：

$$\frac{\partial K}{\partial K_1} \cdot \frac{f(X_1,X_2,X_3,\cdots,X_n)}{X_1} = \frac{K}{K_1} \cdot \frac{\partial f(X_1,X_2,X_3,\cdots,X_n)}{\partial X_1}$$

或 $\dfrac{1}{K}\dfrac{\partial K}{\partial K_1} = \dfrac{1}{K_1}\left[\dfrac{\partial f(X_1,X_2,X_3,\cdots,X_n)}{\partial X_1}\right]\cdot\left[\dfrac{X_1}{X_1,X_2,X_3,\cdots,X_n}\right]$

简写成 $\dfrac{1}{K}\dfrac{\partial K}{\partial K_1} = \dfrac{\beta_1}{K_1}$ (3-19)

式中

$$\beta_1 = \left[\frac{\partial f(X_1 X_2 X_3 \cdots X_n)}{\partial X_1}\right]\cdot \frac{X_1}{f(X_1 X_2 X_3 \cdots X_n)}$$
$$= F(X_1 X_2 X_3 \cdots X_n) \tag{3-20}$$

而从（3-20）式得

$$\beta_1 = \left[\frac{\partial f(X_1,X_2,X_3,\cdots,X_n)}{\partial X_1}\right]\cdot \frac{X_1}{f(X_1,X_2,X_3,\cdots,X_n)} = F(X_1,X_2,X_3,\cdots,X_n)$$

$$(3\text{-}21)$$

β_1 要同时满足 $F(X_1,X_2,X_3,\cdots,X_n)$ 和 $F(K_1,K_2,K_3,\cdots,K_n)$，$\beta_1$ 只能是常值，亦即 β_1 是一个常数

（ β_1 是 $\beta_1 \sim F(K_1,K_2,K_3,\cdots,K_n)$ 与 $\beta_1 \sim F(X_1,X_2,X_3,\cdots,X_n)$ 两条曲线交点上之值）。

对于 K_1 和 X_1，K_2 和 X_2，$\cdots$，K_n 和 X_n，类似于上述求导数的方法，可得

$$\left.\begin{aligned}
\frac{1}{K}\frac{\partial K}{\partial K_2} &= \frac{\beta_2}{K_2} \\
\frac{1}{K}\frac{\partial K}{\partial K_3} &= \frac{\beta_3}{K_3} \\
\frac{1}{K}\frac{\partial K}{\partial K_4} &= \frac{\beta_4}{K_4} \\
&\cdots\cdots \\
\frac{1}{K}\frac{\partial K}{\partial K_n} &= \frac{\beta_n}{K_n}
\end{aligned}\right\} \tag{3-22}$$

按对数微分及多元函数的微分公式

$$d(\ln K) = \frac{1}{K}dK = \frac{1}{K}\frac{\partial K}{K_1}dK_1 + \frac{1}{K}\frac{\partial K}{K_2}dK_2 + \cdots + \frac{1}{K}\frac{\partial K}{K_n}dK_n$$

因此，上述公式可写成

$$d(\ln K) = \frac{\beta_1}{K}\frac{\partial K}{K_1}dK_1 + \frac{\beta_2}{K}\frac{\partial K}{K_2}dK_2 + \cdots + \frac{\beta_n}{K}\frac{\partial K}{K_n}dK_n$$

两边积分得：$\ln K = \beta_1\ln K_1 + \beta_2\ln K_2 + \cdots + \beta_n\ln K_n$ (3-23)

当 $K_1 = K_2 = K_3 = \cdots = K_n = 1$ 时，$K = 1$，则得积分常数 $C = 0$，所以

$$\ln K = \beta_1 \ln K_1 + \beta_2 \ln K_2 + \cdots + \beta_n \ln K_n = \ln(K_1^{\beta_1} K_2^{\beta_2} K_3^{\beta_3} \cdots K_n^{\beta_n})$$

从而 $K = K_1^{\beta_1} K_2^{\beta_2} K_3^{\beta_3} \cdots K_n^{\beta_n}$ 　　　　　　　　　　　　　　　　　　　(3-24)

这就是物理方程量纲和谐性总的数学条件，也是进行量纲分析所依据的总公式。

把 K、K_i 的值代入（3-24）式得

$$B_1^a B_2^b B_3^c = (B_1^{a_1} B_2^{b_1} B_3^{c_1})^{\beta_1} (B_1^{a_2} B_2^{b_2} B_3^{c_2})^{\beta_2} \cdots (B_1^{a_n} B_2^{b_n} B_3^{c_n})^{\beta_n}$$
$$= B_1^{a_1\beta_1 + a_2\beta_2 + \cdots + a_n\beta_n} B_2^{b_1\beta_1 + b_2\beta_2 + \cdots + b_n\beta_n} B_3^{c_1\beta_1 + c_2\beta_2 + \cdots + c_n\beta_n}$$

所以

$$\begin{cases} a = a_1\beta_1 + a_2\beta_2 + \cdots + a_n\beta_n \\ b = b_1\beta_1 + b_2\beta_2 + \cdots + b_n\beta_n \\ c = c_1\beta_1 + c_2\beta_2 + \cdots + c_n\beta_n \end{cases} \qquad (3-25)$$

此外，注意到物理量单位转换时，转换系数与物理量量纲的严格相应性，此处即

$K = {}^a B_1 B_2^b B_3^c$ 与 y 的量纲

$K_1 = B_1^{a1} B_2^{b1} B_3^{c1}$ 与 X_1 的量纲

$K_2 = B_1^{a2} B_2^{b2} B_3^{c2}$ 与 X_2 的量纲

……

$K_n = B_1^{an} B_2^{bn} B_3^{cn}$ 与 X_n 的量纲

都是严格相应的，因此可以得出

$$[y] = [X_1]^{\beta_1} [X_2]^{\beta_2} [X_3]^{\beta_3} \cdots [X_n]^{\beta_n} \qquad (3-26)$$

这就是说 y 的量纲等于 X_1，X_2，…，X_n 的量纲的单项幂乘积。由此可以推出

$$y = K X_1^{\beta_1} X_2^{\beta_2} X_3^{\beta_3} \cdots X_n^{\beta_n} \qquad (3-27)$$

其中 K 为一无量纲的比例系数。这样，一个物理现象，其中一物理量 y 取决于其他物理量 X_1，X_2，X_3，…，X_n 时，它们之间的关系可以用指数方程（3-27）式的形式来表示。这也是物理方程量纲和谐性的结果。

将方程（3-27）等号两端同除以 yk 而得 $\dfrac{1}{K} = X_1^{\beta_1} X_2^{\beta_2} X_3^{\beta_3} \cdots X_n^{\beta_n} y^{-1}$

令 $\dfrac{1}{K} = \pi$，π 是个无量纲积，即它的量纲为零，把上式写成一般形式

$$\pi = X_1^{\beta_1} X_2^{\beta_2} X_3^{\beta_3} \cdots X_n^{\beta_n} y^m \qquad (3-28)$$

式中　β_1，β_2，β_3，…，β_n，m ——常值或待定值。

式（3-25）、式（3-26）、式（3-27）和式（3-28）是量纲和谐的重要公式，他们是量纲分析的理论基础。

可以根据量纲齐次定理来分析物理方程计算后的量纲是否有误，其可作为判断结论正确性的依据。

[例 3-4] 解题得到下列结果，试用量纲检查法判断该结果是"一定错误"，还是"可能正确"？

解：

(1) $F = \dfrac{4}{5} \rho v^2$（其中 F —力，ρ —密度，v —速度）

分析：因为 $[F]=[m][a]=MLT^{-2}$

而 $\left[\dfrac{4}{5}\rho v^2\right]=[\rho][v^2]=ML^{-3}L^2T^{-2}=ML^{-1}T^{-2}\neq[F]$ 所以原式错误。

(2) $\varepsilon=\dfrac{1}{2}B\omega L_2(L_2+L_1)$ （其中 ε—感生电动势，B—磁感应强度，ω—角速度，L_1，L_2—长度）

(3) $\varepsilon=\dfrac{1}{2}B\omega L_2(L_2+L_1)$ （其中 ε—感生电动势，B—磁感应强度，ω—角速度，L_1，L_2—长度）

分析：由物理公式 $v=\omega L$, $\varepsilon=BvL\sin\theta$, 可得

$$[B\omega L_2(L_2+L_1)]=[B][v][L]$$

所以原式可能正确。

[例 3-5] 如何用三个普适常量 G（万有引力常量）、h（普朗克常数）和 C（光速）构造一个具有长度量纲的量？

$$[G]=[M^{-1}L^3T^{-2}],[h]=L^2MT^{-1},[C]=LT^{-1}$$

解：可以令它们之间的关系式为 $\lg=G^\alpha H^\beta C^\gamma$

于是，量纲式为 $\quad [L]=[G]^\alpha[H]^\beta[C]^\gamma \qquad\qquad\qquad\qquad\qquad (1)$

由于 $[G]=L^3M^{-1}T^{-2}$, $[H]=L^2MT^{-1}$, $[C]=LT^{-1}$ 代入 (1) 式

得 $[L]=L^{3\alpha+2\beta+\gamma}[M]^{-\alpha+\beta}[T]^{-2\alpha-\beta-\gamma} \qquad\qquad\qquad (2)$

比较 (2) 式两边相同量纲的量纲指数，得

$$\begin{cases}3\alpha+2\beta+\gamma=1\\-\alpha+\beta=0\\-2\alpha-\beta-\gamma=0\end{cases}$$

求解得 $\alpha=\beta=\dfrac{1}{2}$, $\gamma=-\dfrac{3}{2}$ 将此结果代入 $\lg=G^\alpha H^\beta C^\gamma$ 中，得所求长度量纲的量为

$$\lg=\left[\frac{GH}{C^3}\right]^{1/2}=\left[\frac{6.67\times10^{-11}\times1.05}{(3.0\times10^8)^3}\right]^{1/2}=1.6\times10^{-35}\,\mathrm{m}$$

如果存在基本长度的话，$\lg$ 的值可能就是下限。

二、瑞利法

量纲和谐原理指出，要正确反映一个物理现象所代表的客观规律，其所遵循的物理方程式各项的量纲必须一致，这是量纲分析法的基础，因此也用这一原理来校核物理方程和经验公式的正确性和完整性。当某个流动现象未知或复杂得难以用理论分析写出其物理方程时，量纲分析就是一种强有力的科学方法。这时只需仔细分析这些现象所包含的主要物理量，并通过量纲分析和换算，将含有较多物理量的方程转化为数目较少的无量纲数组方程，就能为解决问题理出头绪，找出解决问题的方向，这就是量纲分析的价值。下面介绍少变量的量纲分析法，即瑞利法。

当采用瑞利法进行计算时，(1) 首先要确定影响某一物理过程的影响因素。如某一物理过程与 n 个物理量有关（即有 n 个影响因素），即 $f(X_1,X_2,X_3,\cdots X_n)=0$；(2) 假设其中一个物理量 X_i，可以表示为其他物理量的指数乘积形式。$X_i=kX_1^{a1}X_2^{a2}X_3^{a3}\cdots X_{n-1}^{an-1}$，上式量纲公式为 $\dim X_i=k\dim(X_1^{a1}X_2^{a2}X_3^{a3}\cdots X_{n-1}^{an-1})$；(3) 根据量纲和谐原理，求解物理量的指数。

将上式中各物理量表示成量纲公式的形式，并根据量纲和谐原理，等号两边的量纲应该是和谐一致的，则两边相同量纲的量纲指数应该相等；（4）通过实验和分析确定式中的系数 k。瑞利法只适用于比较简单的问题，一般与物理过程有关的物理量（或影响因素）的个数不超过 4 个，则其中 1 个物理量可以用其他 3 个物理量的指数乘积形式表示，其指数有 3 个，即 $n=3$。其基本量纲一般选用 L，M，T，基本量纲数 $r=3$，两者相等，因此可以由 3 个包括未知量纲指数的方程式求解 3 个未知的量纲指数，方程组是封闭的，有唯一解。

［例 3-6］ 不可压缩流体在匀直圆管内作定常流动，试分析回管单位长度上的流动损失 $\dfrac{\Delta p}{l}$ 的表达式

解： 根据题意，基本可按以下步骤解题：

（1）分析所求问题的影响因素：这是求解问题正确与否的关键。在本例中，由于是管内流动，显然管壁粗糙高度 Δ 将会显著影响流动阻力；管长 l、管径 d、流体流动速度 v 都将是重要的影响因素；同样，流体的性质，如密度 ρ 和运动黏性系数 ν 也将影响流动阻力的大小。因此，该流动现象共有 Δp，l，d，v，ρ，ν 和 Δ 等 7 个变量，如果研究单位长度上的流动阻力 $\dfrac{\Delta p}{l}$ 则减少一个变量 l，它们组成关系式：$f\left(\dfrac{\Delta p}{l}, d, v, \rho, \nu, \Delta\right) = 0$

（2）写出各变量之间的指数关系式：

$\dfrac{\Delta p}{l} = K d^{\alpha} v^{\beta} \nu^{\gamma} \rho^{\delta} \Delta^{k}$ 其中，$\alpha, \beta, \gamma, \delta$ 和 k 都是待定指数，K 为常数。

（3）写出各变量的量纲：

$\mathrm{dim}\,\dfrac{\Delta p}{l} = ML^{-2}\,T^{-2}$

$\mathrm{dim}\,d = L$

$\mathrm{dim}\,V = LT^{-1}$

$\mathrm{dim}\,\nu = L^{2}T^{-1}$

$\mathrm{dim}\,\rho = ML^{-3}$

$\mathrm{dim}\,\Delta = L$

（4）写出对应的量纲关系式：

$ML^{-2}\,T^{-2} = L^{\alpha}\,(L\,T^{-1})^{\beta}\,(L^{2}\,T^{-1})^{\gamma}\,(ML^{-3})^{\delta}\,L^{k} = M^{\delta}\,L^{\alpha+\beta+2\gamma-3\delta+k}\,T^{-\beta-\gamma}$

（5）比较等式两边对应量纲的指数，并根据量纲一致的原理，解得各待定指数：

$$\delta = 1, \alpha+\beta+2\gamma-3\delta+k = -2, -\beta-\gamma = -2$$

上述 3 个方程中包含 5 个未知数，于是将其中 2 个，如 γ，k 作为特定系数，从而解得：

$$\alpha = -1-\gamma-k, \beta = 2-\gamma, \delta = 1$$

（6）将求得的指数代入上面的指数关系式，并将具有相同待定指数的量组合在一起成为相似准则：

$$\dfrac{\Delta p}{l} = K\,d^{-1-\gamma-k}\,v^{2-\gamma}\,\nu^{\gamma}\,\rho^{k} = K\,\dfrac{\rho v^{2}}{d}\left(\dfrac{\nu}{d}\right)^{\gamma}\left(\dfrac{\Delta}{d}\right)^{k}$$

或者也可写作：$\dfrac{\Delta p}{\rho} = \lambda\,\dfrac{l}{d}\,\dfrac{v^{2}}{2}$

式中

$$\lambda = f\left(\text{Re}, \frac{\Delta}{d}\right) = 2K\left(\frac{\nu}{\upsilon d}\right)^{\gamma}\left(\frac{\Delta}{d}\right)^{k}$$ ——阻力因数，其中 $Re = \dfrac{\upsilon d}{\nu}$。

可见，圆管流动中的阻力因数 λ 取决于雷诺数 Re 和粗糙度 Δ 的变化。但是必须知道，量纲分析不能得出具体数值，它的数值只能通过实验获得。假定对于粗糙度 Δ 一定的圆管，如要得到 d, υ, ρ, ν 对阻力因数 λ 的影响，如每次改变其中一个量，每个量取 10 个不同的值分别进行实验，要建立上述关系式就需要进行 10^4 次实验。这不仅需要花费大量的人力、物力、财力和宝贵的时间，而且有时也难以做得到。但是如果用上述的无量纲数 Re，仅用 10 次实验就可以确定阻力因数 λ 和 Re 数之间对应关系的普遍规律，而且不用改变上述每一个量，只需改变容易控制的速度 υ 就可以了。

上述量纲分析法仅适用于少变量的简单问题，因为变量的增加（例如 4 个以上）就会增加待定指数的数目，从而增加求解难度，这时更普遍、更实用的方法是白金汉法，它将诸变量编列成更少的无量纲量，使问题处理起来更方便，此即（白金汉）π 定理。

三、π 定理（白金汉定理）

（一）π 定理

量纲分析的最基本依据是 π 定理。当变量数不多时，可采用瑞金（Rayleigh）法，而当变量数较多时，采用白金汉（Buckingham）法更为方便，它的理论基础是 Bukingham 在 1914 提出的。

设物理现象中有 Q_1，Q_2，$\cdots$，Q_n 等 n 个物理量，在所选取的单位制中基本量的数目为 m，它们是 X_1，X_2，$\cdots$，X_m，那么任一个物理量 Q 的量纲式可表示为 $[Q] = X_1^{a_1} X_2^{a_2} \cdots X_m^{a_m}$ 从而 $\ln[Q] = a_1 \ln X_1 + a_2 \ln X_2 + \cdots + a_m \ln X_m$

若 $\ln X_1, \ln X_2, \cdots, \ln X_m$ 是 m 维空间的"正交基矢"，则 $a_1, a_2, \cdots, a_m$ 就是"矢量" $\ln[Q]$ 在基矢量上的投影，或者说是它的"分量"。所谓几个物理量的量纲独立，是指无法用它们幂次的乘积组成量纲唯一的量。用矢量语言表达，就是代表它们量纲的"矢量"线性无关。在 m 维的空间内最多有 m 个彼此线性无关的矢量。m 个矢量 $a_{1j}, a_{2j}, \cdots, a_{mj}$（$i = 1, 2, \cdots, m$）线性无关的条件是它们组成的行列式

$$\begin{bmatrix} a_{11} & \cdots & a_{1m} \\ \vdots & \ddots & \vdots \\ a_{m1} & \cdots & a_{mm} \end{bmatrix} \neq 0$$

π 定理表述为：设某物理问题涉及 n 个物理量（包括物理常量）$Q_1, Q_2, \cdots, Q_n$，它们存在函数关系式 $f(Q_1, Q_2, \cdots, Q_n) = 0$。而由此可组成 $n-m$ 个量纲唯一的量 $\pi_1, \pi_2, \cdots, \pi_{n-m}$，在物理量之间存在函数关系式可表示成相应的量纲唯一的形式 $F(\pi_1, \pi_2, \cdots, \pi_{n-m}) = 0$，或者把某个量纲唯一的量（如 π_1）显解出来，有 $\Pi_1 = \phi(\Pi_2, \cdots, \Pi_{n-m})$。若 $n = m$，若量纲彼此无关，则不能由他们组成量纲唯一的量；若不独立，彼此相关，则可以组成量纲唯一的量。

[例 3-7] 若作用于光滑球的阻力 F 与相对速度 υ，球的直径 D，流体密度 ρ，流体的动力黏度 μ 有关，试运用 π 定理求阻力 F。

解： 依题意，$F = f(\rho, \upsilon, D, \mu)$，这一流动问题共有 5 个因素，即 R、ρ、υ、D、μ，即 $n = 5$，

各物理量的量纲为：

$$[F] = [M][L][T^{-2}] \qquad [\upsilon] = [L][T^{-1}] \qquad [D] = [L]$$

$$[\rho] = [M][L^{-3}] \quad [\mu] = [M][L^{-1}][T^{-1}]$$

因基本量纲 $r = 3$，所以选择循环量 $m = r = 3$，选择 D、ρ、μ 为循环量，则无量纲综合量为 $n - m = 3$ 建立因次方程，有

$$\pi_1 = D^a \rho^b \mu^c F = (L)^a (ML^{-3})^b (ML^{-1}T^{-1})(MLT^{-2}) = M^0 L^0 T^0$$

对比方程两边幂指数，有：

$$\begin{cases} b + c + 1 = 0 \\ a - 3b - c + 1 = 0 \\ -c - 2 = 0 \end{cases}$$

解联立方程得 $\begin{cases} a = 0 \\ b = -1 \\ c = -2 \end{cases}$

所以 $\pi_1 = \dfrac{\rho F}{\mu^2}$

同理，$\pi_2 = D^d \rho^e \mu^f \upsilon$

$$= L^d (ML^{-3})e(ML^{-1}T^{-1})f(LT^{-1})$$
$$= M^0 L^0 T^0$$

所以 $\begin{cases} e + f = 0 \\ d - 3e - f + 1 = 0 \\ -f - 1 = 0 \end{cases}$

解联立方程得 $\begin{cases} d = 1 \\ e = 1 \\ f = -1 \end{cases}$

$$\pi_2 = \frac{\upsilon D}{\mu}$$

其中 $\dfrac{\upsilon D}{\mu}$ 为雷诺数。利用定理 $\pi_1 = f(\pi_2)$ 或 $\dfrac{\rho F}{\mu^2} = f\left(\dfrac{\upsilon D}{\mu}\right)$，

即 $F = \dfrac{\mu^2}{\rho} f\left(\dfrac{\upsilon D}{\mu}\right)$，其中函数 f 要通过实验予以确定。

[例 3-8] 直径 90 厘米的一个球体在空气中速度为 60 米/秒，为测其阻力，做一直径为 45 厘米的模型球放入水中进行试验，测出阻力为 1140N。若 $\rho_{空} = 1.28 \text{kg/m}^3$，$\mu_{空} = 1.93 \times 10^{-5} \text{Pa} \cdot \text{s}$，$\mu_{水} = 1.145 \times 10^{-3} \text{Pa} \cdot \text{s}$ 为已知。求模型球在水中运动的速度以及原型球在空气中的阻力。

解：直接利用上例结果 $\dfrac{\rho F}{\mu^2} = f\left(\dfrac{\upsilon D}{\mu}\right)$

假设忽略流动中诸如压缩性等的影响，原型球在空气中运动与模型球在水中运动相似，则动力相似的必要
条件为

$$\left(\frac{\upsilon D}{\mu}\right)_{模型} = \left(\frac{\upsilon D}{\mu}\right)_{原型} \tag{1}$$

$$\left(\frac{\rho F}{\mu^2}\right)_{模型} = \left(\frac{\rho F}{\mu^2}\right)_{原型} \tag{2}$$

利用式（1）得模型球在水中运动的速度为：

$$V = \frac{D_空}{D_水} \frac{\rho_空}{\rho_水} \frac{\mu_水}{\mu_空} V_空 = 9.11\text{m/s}$$

利用式（2）得原型球在水运动的阻力为：

$$F = \frac{\rho_水}{\rho_空} \left(\frac{\mu_空}{\mu_水}\right)^2 R_水 = 253.0\text{N}$$

（二）π定理的量纲分析

按照π定理，量纲分析的一般步骤如下[14]：

（1）将与问题有关的有量纲的物理量（常量和变量）记作 $x_1, x_2, \cdots, x_n$，按照物理意义确定这个问题的基本量纲，记作 $[x_1]$，$[x_2]$，$\cdots$，$[x_m]$

（2）设 $\prod\limits_{i=1}^{n} x_i^{a_i} = \pi$ $\qquad\qquad$ (3-29)

这是物理量之间的关系式，其中 α_i 待定，π为无量纲量，用基本量纲将 x_i 的量纲表示为

$$[x_i] = \prod_{j=1}^{m} [X_j]^{\beta_{ij}} (i = 1, 2, \cdots, n) \qquad (3\text{-}30)$$

主要利用物理学知识来定出 β_{ij}

（3）利用式（3-32）得到式（3-31）的量纲表达式：

$$\prod_{i=1}^{n} \left(\prod_{j=1}^{m} [X_j]^{\beta_{ij}}\right)^{a_i} = [\pi]$$

亦即

$$\prod_{j=1}^{m} [X_j]^{\sum\limits_{i=1}^{n}\beta_{ij}a_i} = \prod_{j=1}^{m} [X_j] \qquad (3\text{-}31)$$

（4）解线性方程组 $\sum\limits_{j=1}^{n} \beta_{ij}\alpha_i = 0$ (j=1, 2, $\cdots$, m) $\qquad$ (3-32)

若方程组的秩为 r，则有 $n-r$ 个基本解，记作 $\alpha^{(S)} = (\alpha_1^{(S)}, \alpha_2^{(S)}, \cdots, \alpha_n^{(S)})_\tau$ (S=1, 2, $\cdots$, $n-r$) 于是得到 x_1，x_2，$\cdots$，x_n 之间的 $n-r$ 个关系式：

$$\prod_{i=1}^{n} X_i^{a_i^{(S)}} = \pi_S (S = 1, 2, \cdots, n-r) \qquad (3\text{-}33)$$

式中　π_S ——无量纲量；

以上过程就是在基本量纲的一致的原则上，分析物理量之间的关系。

第三节　相似理论

流体力学通常是通过列出流体流动的三大方程，即连续性方程、动量方程和能量方程，然后对这些方程进行分析求解，得到压力分布、温度分布、速度分布函数，据此来判断两种流体的流动是否相似。

利用这种方法对简单的不可压缩的牛顿流体在等温条件下的层流流动判断尚为可行，但是对复杂的可压缩的非等温、非牛顿流体的流动判断就无能为力了。下面介绍相似概念及相似准则，对复杂的流体流动只要列出影响流动的因素，就可以通过量纲分析的方法求出一系列的特征准数：

一、相似的定义

两个几何图形，如果对应边成比例，对应角相等，则两者就是几何相似图形。对于两个几何相似图形，把其中一个图形的某一几何长度乘以两相似图形对应边长度的固定比值，就可得到另一个图形的相应长度。几何相似可推广到流动相似，而与流动有关的物理量，除了表征流场几何形状的几何量（长度、面积和体积）外，还有表征流体运动状态的物理量（速度和加速度）和表征流体动力的动力学量（各种作用力）。从而流体力学相似可扩展为四个方面，分别为：几何相似、运动相似、动力相似及边界条件和初始条件相似。

（一）几何相似

几何相似是指原型和模型两个流动的流场几何形状相似，即两个流场响应的线段长度成一定比例，相应的夹角相等。若有某一线段长度 l，两线段的夹角为 θ，则长度比尺为：

$$\lambda_1 = \frac{l_p}{l_m} \qquad \theta_p = \theta_m \tag{3-34}$$

式中　m——模型；

$\quad\quad p$——原型；

$\quad\quad \lambda$——物理量的比尺。

由此可推出相应的面积比尺和体积比尺分别为：

$$\lambda_A = \frac{A_p}{A_m} = \frac{l_p^2}{l_m^2} = \lambda_1^2$$

$$\lambda_V = \frac{V_p}{V_m} = \frac{l_p^3}{l_m^3} = \lambda_1^3 \tag{3-35}$$

由此可知，保持几何相似的模型与原型均为相似图形，按一定比例放大或缩小就可相互重合。几何相似是力学相似的前提，只有在几何相似的流动中，才有可能存在相应的点，进行进一步探讨其他物理量的相似问题。

（二）运动相似

运动相似即在流体力学中过流部分对应点的速度方向相同，大小成比例，保持运动相似工况的模型与原型的对应点的速度成比例。

$$\lambda_u = \frac{u_p}{u_m} \tag{3-36}$$

式中　λ_u——速度比尺。

由于原型和模型各个相应点的速度都成一定比例，则相应断面的平均流速也具有同样的比尺，即

$$\lambda_v = \frac{v_p}{v_m} = \frac{u_p}{u_m} = \lambda_v \tag{3-37}$$

而 $v = l/t$，将此代入上式，可得：$\lambda_v = \dfrac{l_p/t_p}{l_m/t_m} = \dfrac{l_p}{l_m}\dfrac{t_m}{t_p} = \dfrac{\lambda_l}{\lambda_t}$

$$\lambda_a = \frac{a_p}{a_m} = \frac{\dfrac{v_p}{t_p}}{\dfrac{v_m}{t_m}} = \frac{v_p t_m}{v_m t_p} = \frac{\lambda_v}{\lambda_t} = \frac{\lambda_1}{\lambda_t} \tag{3-38}$$

式中　λ_a——为加速度比尺。

（三）动力相似

动力相似是指两个流动各相应点处的质点所受到的各种作用力，其方向相同，大小均维持一定的比例关系。

根据达朗博原理，对于任一运动的质点，设想加在该质点上的惯性力与质点所受到的其他各种作用力相平衡，形式上可以构成封闭的力多边形。影响流体运动的作用力主要有黏滞力、重力和压力。有些流动还要考虑弹性力或表面张力。可用 F_μ、F_g、F_p、F_k、F_σ 和 F_i 代表黏滞力、重力、压力、弹性力、表面张力和惯性力，其中动力相似是运动相似的保证或主导则：

$$
\left.
\begin{aligned}
F_\mu = F_g = F_p = F_k = F_\delta = F_i \\
\frac{(F_\mu)_p}{(F_\mu)_m} = \frac{(F_g)_p}{(F_g)_m} = \frac{(F_p)_p}{(F_p)_m} = \frac{(F_k)_p}{(F_k)_m} = \frac{(F_\delta)_p}{(F_\delta)_m} = \frac{(F_i)_p}{(F_i)_m} \\
\lambda_{F_\mu} = \lambda_{F_g} = \lambda_{F_p} = \lambda_{F_k} = \lambda_{F_\delta} = \lambda_{F_i}
\end{aligned}
\right\}
\tag{3-39}
$$

（四）边界条件和初始条件相似

边界条件和初始条件相似是保证两个流动相似的充分条件。边界条件相似是指两个流动的相应边界性质相同。如原型中为固体边壁，其流向、流苏均为零，或原型中为自由液面，其上作用大气压强，则在模型中的相应部分也应和原型中的一样。对于非恒定流动，还必须满足初始条件相似。也有人将边界条件相似归属于几何相似，即几何相似包含几何形状相似（对应边成比例、对应角相等）和边界性质相同两方面含义，若对于恒定流动无须考虑初始条件相似，于是流体的力学相似含义就可简述为几何相似、运动相似和动力相似三个方面。

二、相似准则

满足同一结构的数理方程有很多解，还不能得出力学相似的结论，只有在单值条件相似的条件下，两个流动体系才可能相似。由此可见，基尔皮契夫等的相似三定理，要比通常的三个相似性（即几何相似、运动相似与动力相似性）概括得要全面些，可以说概括了两个流动体系相从纳维埃——斯托克斯方程中得出四个准则。在恒定流中，独立的决定性准则只有两个，即 Froude 准则与 Reynolds 准则。

（一）黏滞力相似准则（雷诺数，Reynolds）

1883 年雷诺在他著名的管内流动实验中，先发现流体的层紊流现象，并指出由流体平均流速 v、管内径 d、流体运动黏度 ν 所组成的无因次量 $\dfrac{vd}{\nu}$ 的大小，可以作为流动是层流还是紊流的判据，并取得了具体的数据。他在对管内流体的受力情况进行分析后，指出这个无因次量表示流体流动的惯性力和流体黏性力之间的比值关系。

惯性力
$$
m\frac{\mathrm{d}v}{\mathrm{d}t} = \rho v^2 L^2
$$

黏性力
$$
\mu A\frac{\mathrm{d}u}{\mathrm{d}y} = \mu L^2 \frac{v}{L} = \mu L v
$$

$$
\frac{\text{惯性力}}{\text{黏性力}} = \frac{\rho v^2 L^2}{\mu L v} = \frac{vL}{\nu}
\tag{3-40}
$$

即：二者的比值即为雷诺数。

式中　v——流体流动的平均速度；

　　　L——流场中物体的特征尺寸；

ν——流体的运动黏度。

基于这一原始定义，我们往往仅用它去研究流态，判别层紊流。但是，随着流体力学、传热学、空气动力学及其他边缘学科的发展，Reyholds 准则得到了更为广泛的应用，并且其含义已远远偏离了雷诺数的本来含义。因而指出这一问题上原有认识的局限性，对这一准则的更进一步、更广义的理解在科学知识高速发展的今天具有十分重要的意义。

（二）重力相似准则（弗劳德数，Froude）

当重力起主导作用时，存在

$$F = F_g = G = mg = \rho l^3 g \lambda_{F_g} = \lambda_{F_g} = \lambda_\rho \lambda_l^3 \lambda_g$$

式中　λ_g——重力加速度比尺。

将上式代入得：

$$Ne = \frac{F}{\rho l^2 v^2} = \frac{\rho l^3 g}{\rho l^2 v^2} = \frac{gl}{v^2} = \frac{1}{Fr^2} \tag{3-41}$$

根据牛顿相似准则，两个相似流动牛顿数应相等，即

$$Ne_p = Ne_m (Fr)_p = (Fr)_m \tag{3-42}$$

因此 $\dfrac{v_p}{\sqrt{g_p l_p}} = \dfrac{v_m}{\sqrt{g_m l_m}}$，该式说明两个流动的惯性力与重力成正比，则这两个流动相应的弗劳德数相等。这就是重力相似准则，或称弗劳德相似准则。

（三）压力相似准则（欧拉数 Euler）

当改变原有的运动状态的力式流体动压力起主导作用时，会有流体动压力

$$F = F_p = pA = pl^2 \lambda_F = \lambda_{F_p} = \lambda_p \lambda_l^2$$

其中 λ_p 为压强比尺，代入上式后，得

$\lambda_\rho \lambda_l^2 \lambda_v^2 = \lambda_p \lambda_l^2$ 化简得 $\lambda_\rho \lambda_v^2 = \lambda_p$

所以得到 $\dfrac{p_p}{\rho_p v_p^2} = \dfrac{p_m}{\rho_m v_m^2}$

$$(Eu)_p = (Eu)_m \tag{3-43}$$

式中　$E_U = \dfrac{p}{\rho v^2}$——无量纲量，称为欧拉数。

当两个流动的惯性力和流体动压力成正比时，则两个流动相应的欧拉数相等，压力相似。这就是压力相似准则，亦称为欧拉相似准则。

同时流体力学问题中还出现下面几个相似准数

1. 罗斯贝数

在旋转机械的内流问题中，前述无量纲参数中的特征速度 v_0 可以理解为平均流速。若旋转机械的角速度为 ω，则在基本方程中需要补充一个无量纲参数 $\omega l / v_0$，这个参数往往是和比转数 n 联系着的；而在气象和海流问题中，这个参数被称为 Rossby 数（罗斯贝数），记为 R_o。

2. 折合频率

如果流动是非定常的，例如在被绕流的物体以频率 f 振动的问题中，则需要引入无量纲参数 fl / v_0，这个参数称之为折合频率。

3. 格拉晓夫数

在自然对流问题中，不存在来流速度 v_0，对流因温差造成的密度变化和重力效应而引

起，驱动对流的体积力是

$$X_i = g\left(\frac{\rho}{\rho_0} - 1\right)n_i = g\beta\Delta Tn_i = g\beta\Delta T_\omega\left(\frac{\Delta T}{\Delta T_\omega}\right)n_i \tag{3-44}$$

式中　　B ——定压体积膨胀系数；

　　　　n_i ——单位矢量。

$$\Delta T = T - T_0, \Delta T_w = T_w - T_0$$

由于 X_i 和 $g\beta\Delta T_w$ 的量纲都是 L/T^2，所以可以用来代替 Re 数和 Fr 数中 v_0 的地位，可引入无量纲数 Grashof 数，记为 Gr，即：

$$Gr = \frac{gl\beta(T_\omega - T_0)}{\left[\dfrac{u_0}{\rho_0 l}\right]^2} = \frac{\rho_0{}^2 gl^3\beta(T_w - T_0)}{\mu_0^2} \tag{3-45}$$

式中　　Gr ——无量纲数 Grashof 数，用它表征热浮力与黏性力之比。

4. 雅各布数和韦伯数

在沸腾换热这样一类发生相变的多相流问题中，还应当考虑相变潜热 H_0 和气泡表面张力 T_s 这两个参数，从而相应地引入两个相似准数：$Jacob$ 数（雅各布数，记为 Ja ）和 $Weber$ 数（韦伯数，记为 We ）。

雅各布数 Ja 表示相同体积的液相介质所携带的热量与相变所需热量之比，定义为

$$J_a = c_p\rho_l\frac{T_\omega - T_b}{H_0\rho_v} \tag{3-46}$$

式中　　c_p 和 ρ_l ——表示液相介质的定压比热 $[J/(kg \cdot k)]$ 和密度，kg/m^3；

　　　　T_ω 和 T_b ——表示气泡壁和气泡的温度，K；

　　　　ρ_v ——则表示蒸气的密度，kg/m^3。

韦伯数 We 表示惯性力与表面张力之比，定义为

$$We = \frac{\rho_l v_b^2 D_b}{T_s} \tag{3-47}$$

式中　　v_b 和 D_b ——表示气泡相对于周围液体的速度和气泡的直径。

人们还习惯用沸腾数 B_0 作为因变量以代替努塞尔数 Nu，定义为

$$B_0 = \frac{q}{H_0\rho_0 v_b} \tag{3-48}$$

式中　　q ——是热流率；

　　　　B_0 ——沸腾数，表示热流量与相变热之比。

第四节　流体力学中的动力学相似与模拟

量纲与相似理论在模拟各种现象时具有重大意义。模拟，这是把我们对所关心的实际现象需作的研究，换为通常是在专门实验条件下在尺寸缩小或放大的模型上对相似的现象作研究。模拟的基本想法是，根据模型试验的结果就能给出关于效应特性和与实际条件下的现象有关的各种量的必要的答案。

在大多数情况下，模拟是以研究物理相似的现象为基础的。我们用研究比较便于实现的物理上相似的现象来代替研究我们所关心的实际现象。力学相似，或一般地说物理相似，可

以看作是几何相似的推广。如果两个几何图形的所有对应长度之比相同，则这两个几何图形相似，如果知道了相似系数（比例尺），则对一个几何图形的尺寸简单地乘上比例尺的值，即可得到与之相似的另一个几何图形的尺寸。

定义力学相似性或物理相似性有多种方法。下面我们给出这样一种形式的物理相似性的定义，这种形式对实践是必须的并且对直接应用是方便的。

若根据某一现象的给定的特征量，通过类似于由一种量度单位制转换为另一量度单位制时那样的简单换算，就可以得出另一现象的特征量，则两现象相似。

为了进行换算，必须知道"转换比例尺"。两个不同的但相似的现象的数值特征量，可以看作是同一现象在两个不同的量度单位制中表示出来的数值特征量。对于任何一族相似现象，所有对应的无量纲特征量（有量纲量的无量纲组合）都具有同样的数值。不难看出，相反的结论也成立，即如果两个运动的所有对应的无量纲特征量都相同，则两个运动相似。

两现象的相似性有时可以作较广义的理解，即认为上述定义只对某专门的一组特征量而言，这组特征量能完全确定现象并可用来求出任何别的这样的特征量，这些量从一个现象转换为另一"相似"现象时不能用简单乘以相应的比例尺而得到。例如，任意两个椭圆，当使用沿椭圆主轴方向取的笛卡尔坐标时，可以认为在上述意义上是相似的。用上述换算可以通过某一个椭圆上点的坐标得出任何一个椭圆上点的笛卡尔坐标（仿射相似）。

为了在模拟时保持相似性，必须遵守某些条件，然而在实践中，保证整体上现象相似的那些条件往往得不到满足，这时会遇到在将模型上得到的结果搬到实物上时所产生的误差的大小的问题（比例尺效应）。在建立了决定所选出的一类现象的参量组之后，就不难建立两现象相似的条件。事实上，设现象由 n 个参量确定。其中一部分可以是无量纲的，而有些则是有量纲的物理常数。再假定可变参量和物理常数的量纲可由 k 个（$k \leqslant n$）具有独立量纲的量表出。在一般情况下容易看出，由 n 个量可以组成不超过 $n-k$ 个独立的无量纲组合。现象的所有无量纲特征量，可以看作是这 $n-k$ 个由主定参量组成的独立的无量纲组合的函数。因此，在由现象的特征量所组成的全部无量纲量中，总可以选出一个基，即一组无量纲量，由它决定所有其余的量。

由相应的问题提法所决定的一类现象中，包含着彼此根本不相似的现象。利用下述条件可以从中划分出一小类相似的现象：两现象相似的必要与充分条件是，构成基的那组无量纲组合的数值等于常数。由给定的确定现象的诸量所组成的无量纲参量的基等于常数的条件，称为相似性判据。

如果相似性条件得到满足，为了根据模型的有量纲的特征量的数据来具体计算实物的所有特征量，必须知道所有相应量的转换比例尺。

如果现象由 n 个参量确定，其中 k 个具有独立量纲，则对于 k 个量纲独立的量转换比例尺可以是任意的，它们应当给定或者由问题的条件确定，而在实验中则由实验确定。所有其余的有量纲量的转换比例尺，容易由各有量纲量的量纲公式得出，这些量纲公式是通过 k 个独立量的量纲表示，对这 k 个量，比例尺是由试验或由问题提法确定的。

在物体于不可压缩黏性流体中作定常的平面平行平动的问题中，所有的无量纲量由两个参量确定：冲角 α 和雷诺数 Re。物理相似条件的相似判据是下列关系式：

$$\alpha = \text{const} \ \text{和} \ Re = \frac{vd\rho}{\mu} = \text{const}$$

在模拟此现象时，模型试验结果只能用于 α 与 Re 相同的实物上。第一个条件在实践中总是容易实现的。第二个条件 ($Re = \mathrm{const}$) 较难满足，特别是当被绕流的物体尺寸较大（例如机翼）时更是如此。如果模型小于实物，则为了保持雷诺数值相等，就必须或者增大绕流速度（这在实际上通常是不现实的），或者大大改变流体的密度和黏性。

在实际中，这些情况在研究气动阻力时会带来很大的困难。必须保持雷诺数不变，这就导致可建造对飞机吹风的巨大风洞（图 3-2 和图 3-3），和建造闭口型风洞，在该风洞中存在压缩（即密度较大）空气可使飞机在其中作高速循环（图 3-4）。

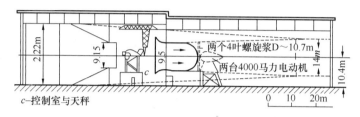

图 3-2　NACA 全尺寸风洞的纵剖面。风洞宽度 18.3 米。回流段未绘出

图 3-3　全尺寸风洞的照片

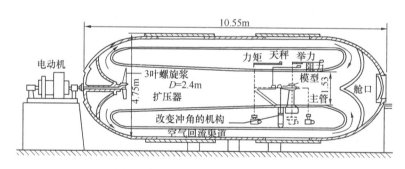

图 3-4　NACA 变密度风洞剖面图，

风洞中的压力可达到 21 个大气压，而气流速度可达到 23m/s。专门的理论与实验研究表明，在流线型物体的许多情况下，雷诺数只显著影响无量纲迎面阻力系数，而有时对无量纲举力系数和对在各种实际问题中起十分重要作用的其他一些量影响很小。因此，模型与实际现象的雷诺数值的差别在某些问题中并不重要。

参 考 文 献

[1]　陈刚，陈爱娣. 再谈量纲分析法[J]. 物理通报，2000(12)：6-8.

［2］　冷见，代武春. 量纲分析法应用两例［J］. 实践探索，2009(4)：111-112.

［3］　徐婕，詹士昌等. 量纲分析的基本理论及其应用［J］. 大学物理，2004，23(5)：54-55.

［4］　复旦大学，物理学（上）［M］. 北京：高等教育出版社，1985.

［5］　刘五秀. 物理方程量纲和谐性的理论分析［J］. 华东冶金学院学报，1987，4(3)：43-45.

［6］　顾诚生. 关于量纲分析法及其应用的探讨［J］. 读与写杂志，2008，5(1)：69-70.

［7］　西南交大水力学教研室编. 水力学［M］. 北京：高等教育出版社，1983：152-160.

［8］　陈长恒，李晓燕，陈志峰. 工程流体力学［M］. 武汉：华中科技大学出版社，2008.

［9］　谈庆明. 量纲分析［M］. 合肥：中国科学技术大学出版社，2005.

［10］　谢多夫. 力学中的相似方法与量纲理论［M］. 北京：中国科学出版社，1982：45-49.

［11］　卢德馨. 大学物理学（第 2 版）［M］. 北京：高等教育出版社 ，2003.

［12］　李国钧，湛柏琼. 工程流体力学［M］. 武汉：华中理工大学出版社 ，1991.

［13］　李国钧，湛柏琼. 工程流体力学［M］. 武汉：华中理工大学出版社 ，1991.

［14］　杨振起. 量纲分析及其应用［J］. 济南交通高等专科学校学报，1995(3)：28.

第四章　流体的基本性质

第一节　概　述

一、流体的概念

自然界的物质一般以固体、液体和气体三种形式存在。宏观地看，固体有一定的体积和形状，不易变形；液体虽有一定的体积但无一定的形状，有自由表面，但不易压缩，易随容器形状改变而变形；气体则既无一定的体积又无一定的形状，能充满它所到达的全部空间，且容易压缩，没有自由表面。流体是气体和液体的通称，是一种受任何微小剪切力就能连续变形的物质。流体与固体相比，分子排列松散，分子引力较小，运动较强烈，无一定形状，易流动，只能抗压，不能抗拉和抗剪切力，各质点间发生不断的相对运动。

二、流体质点与连续介质假设

（一）流体质点

微观上看，流体是由分子组成的，分子作随机热运动，分子间有比分子尺度大很多的间距。在某一时刻，流体分子离散、不连续地分布于流体所占有的空间，并随时间不断地变化着。流体力学研究流体的宏观运动规律，而不是以这些物质粒子本身为直接的研究对象，即不是从微观角度去考虑单个粒子的运动及其物理量，而是考虑大量分子的平均运动及其统计特性。我们在这里提出流体的宏观描述即流体质点的概念。流体质点是指流体中任意小的微团，是流体的基本单位。流体质点在宏观上足够小，以致于可以将其看成一个在几何上没有维度的点，但在微观上又足够大：微团内包含着许许多多的分子，行为表现出大量分子的统计学性质。

流体质点可用下式表示：

$$\lim_{\Delta V \to 0} \Delta V \to 0 \tag{4-1}$$

式中　V——流体质点的体积，m^3；

流体质点是流体力学研究的最小构成单元，但流体质点的体积远远大于流体分子之间的间距，因此其体积可容纳足够多的流体分子。单个分子运动参数的变化不影响整体分子运动参数的平均统计值，流体质点的温度和流速就是流体质点所包含的分子热运动和宏观运动的统计平均值，流体质点的压强就是质点所包含分子热运动互相碰撞从而在单位面积上产生的压力的统计平均值。流体质点没有固定形状，但有能量，其动量、动能及内能等宏观物理量的概念均与温度或压强的统计平均数概念相类似。

（二）连续介质假设

连续介质假设由欧拉于1753年提出，其主要内容是：从微观的角度看，流体由分子组成，分子间有间隙，是不连续的，但从流体研究的角度看，我们需要了解的是流体的宏观机械运动，因此不需要考虑流体分子的存在，而是把真实流体看成由无数连续分布的流体质点所组成的连续介质，流体质点间紧密接触，彼此间无任何间隙。连续介质假设的意义在于避免了考虑流体分子运动的复杂性，只需研究流体的宏观运动，并将流体中的运动参数作为空间的点和时间的连续函数，方便利用数学工具来研究流体的平衡与运动规律。但连续介质假设也具有一定的局限性，对于稀薄气体，连续介质假设不适用，而必须将稀薄气体考虑成为不连续流体。

第二节 作用在流体上的力

在流体中取一流体微团作为研究对象，该流体微团被一闭曲面所包围。作用于该流体微团的外力按其性质可分为质量力和表面力。

一、质量力

作用在流体每一个微团上的非接触性外力称为质量力，例如重力、惯性力等。质量力与流体微团质量成正比，又称为体积力。设在流体中 M 点附近取质量为 dm 的微团，其体积为 dV，作用在该微团上的质量力为 dF，则作用于 M 点的单位质量的质量力 f 可以表示成为：

$$f = \lim_{dv \to M} \frac{dF}{dm} \tag{4-2}$$

单位质量力的单位是 N/kg。流体力学中碰到的最一般情况是流体所受的质量力只有重力的情况，因此单位质量力的大小等于重力加速度 g。在研究流体的相对平衡时，例如装有液体的容器作直线加速运动或旋转运动时，流体运动的惯性力可看成是作用在流体上的质量力[13]。

单位质量力 f 是空间坐标 x，y，z 和时间 t 的函数，即 $f = f(x, y, z, t)$，其表示质量力在空间中的分布和随时间的变化。

二、表面力

表面力是指作用在流体微团表面上的力。该表面可能是液体与气体的分界面，或者流体与固体壁面的分界面。分析流体问题时，需从流体内取出一个分离体，则分离体表面任一对原流体内部相互接触的相互抵消的力变成了作用在分离体表面上的外力。另外表面力也可能是流体与相邻"固体壁面"的作用。

表面力常采用单位表面力的切向分力和法向分力来表示。如图4-1 所示，设在流体分离体表面上，对任意点 A 取一面积 ΔA，根据表面力的性质将该面上的表面力分解为法线方向的分力 ΔP 和切线方向的分力 ΔF。根据流体的性质，流体内部不能承受拉力，因此切线方向的表面力只有沿内法线方向的压力。面积 ΔA 上的平均压强表示成为：

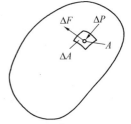

图 4-1 流体的表面力[11]

$$\bar{p} = \frac{\Delta P}{\Delta A} \tag{4-3}$$

面积 ΔA 上的平均切应力可以表示成为：

$$\bar{\tau} = \frac{\Delta F}{\Delta A} \tag{4-4}$$

如果令 ΔA 无限缩小至 A 点，则：

$$p = \lim_{\Delta A \to A} \frac{\Delta P}{\Delta A} \tag{4-5}$$

$$\tau = \lim_{\Delta A \to A} \frac{\Delta T}{\Delta A} \tag{4-6}$$

p 称为 A 点的压强，在国际单位制中，单位是 Pa，且 $1\text{Pa} = 1 \text{ N/m}^2$，$\tau$ 称为 A 点的切应力。压强和切应力不仅取决于空间位置和时间，同时也与作用面的方位有关。

一般情况下，运动流体微团的表面上各点处两种应力都存在。但是在理想的静止或运动流体、静止的黏性流体、流体各微团无相对运动的运动黏性流体表面上，将只有压强而切应力不存在。

三、液体分子力、表面张力和润湿、毛细现象

（一）分子力

液体内部分子之间，存在互相的吸引力，即分子力。分子力和分子所带电荷的大小与分布及分子之间的距离有关，当距离变大时，分子力迅速地减弱。在液体内部的分子所受的合力为 0，但在液体表面层内的分子则受到向下的分子力作用，因此出现了液体面向下收缩的现象。

（二）表面张力

使液体表面处于拉伸状态的力为表面张力，在液体与气体接触的自由表面就会产生表面张力。表面张力产生的原因是液体分子受力不平衡，即液体表面受到来自下方分子力的吸引而向内收缩，就如同张紧的弹性皮膜，在膜面上产生表面张力。表面张力用表面张力系数 σ 来表征，表面张力系数表示单位长度液体上的表面张力，其数值随着温度上升而下降，单位是 N/m。σ 的大小与液体的性质、纯度、温度和与其接触的介质有关。表 4-1 列出了几种液体与空气接触的表面张力系数。

表 4-1　几种液体与空气接触的表面张力系数[1-10]

流体名称	温度/℃	表面张力系数 $\sigma/(\text{N} \cdot \text{m}^{-1})$	流体名称	温度/℃	表面张力系数 $\sigma/(\text{N} \cdot \text{m}^{-1})$
水	20	0.07275	丙酮	16.8	0.02344
水银	20	0.465	甘油	20	0.065
酒精	20	0.0223	苯	20	0.0289
四氯化碳	20	0.0257	润滑油	20	0.025～0.035

表面张力仅在液体的自由表面存在，液体内部并不存在，所以它是一种局部受力现象。由于表面张力很小，一般对液体的宏观运动不起作用，可以忽略不计。但如果涉及流体计量、物理化学变化、液滴和气泡的形成等问题时，则必须考虑表面张力的影响。

（三）润湿和不润湿

在解释润湿和不润湿的定义之前，我们需要了解附着层、内聚力和附着力的概念。附着层是指液体与固体接触面上厚度为液体分子有效作用半径的液体层；内聚力是指液体内部分子对附着层内液体分子的吸引力；附着力是指固体分子对附着层内液体分子的吸引力。内聚

力与附着力的相对大小决定着液体对固体的润湿程度。当内聚力大于附着力时则产生不润湿现象，当附着力大于内聚力时则产生润湿理象。

（四）毛细现象

将细的管插入液体中，如果液体润湿管壁，液面成凹液面，液体将在管内升高（h）；如果液体不润湿管壁，液面成凸液面，液体将在管内下降（h），如图4-2所示。这种现象称为毛细现象。能够产生毛细现象的细管称之为毛细管。毛细现象是由于润湿或不润湿现象和液体表面张力共同作用引起的。如果液体对固体润湿，则接触角θ为锐角。如果液体对固体不润湿，则接触角θ为钝角，如图4-3所示。在实验中当容器口径非常小，附加压强的存在将使管内液面升高（降低），产生毛细现象。

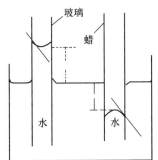

图4-2　毛细现象示意图

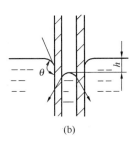

图4-3　毛细现象接触角θ[11]
（a）接触角θ为锐角；（b）接触角θ为钝角

第三节　流体的主要物理性质

流体的主要物理性质是其密度、黏滞性、膨胀性等。在流体力学中，流体的主要物理性质完全一致的单一流体称为均质流体，例如水可以看作是均质流体。含有分布不均匀杂质的水或不同温度的水，其密度可能是不均匀的，有可能发生异重流（在重力场中由于两种或两种以上密度相差不大、可以相混的流体，因密度差异而产生的流动），我们将其称为非均质流体。

一、密度、比体积、重度和相对密度

（一）密度

均质流体密度定义为单位体积的质量，即空间某点单位体积的平均质量，国际单位制中的单位为 kg/m³。

$$\rho = \frac{m}{V} \tag{4-7}$$

式中　ρ——均质流体密度，kg/m³；

　　　m——均质流体质量，kg；

　　　V——均质流体体积，m³。

表4-2为一个标准大气压下水和空气的密度。

表 4-2　一个标准大气压下水和空气的密度[1-10]

温度（℃）	水（kg/m³）	空气（kg/m³）	温度（℃）	水（kg/m³）	空气（kg/m³）
0	999.9	1.293	40	992.2	1.128
5	1000.0	1.270	50	988.1	1.093
10	999.7	1.248	60	983.2	1.060
15	999.1	1.226	70	977.8	1.029
20	998.2	1.205	80	971.8	1.000
25	997.1	1.185	90	965.3	0.973
30	995.7	1.165	100	958.4	0.947

对于非均质流体，我们可根据连续介质假设，认为流场中每一空间点都被相应的流体质点所占据，从而空间某点的密度可以定义为：

$$\rho_{\Delta V} = \lim_{\Delta V \to 0} \frac{\Delta m}{\Delta V} = \frac{\mathrm{d}m}{\mathrm{d}V} \tag{4-8}$$

式中　$\rho_{\Delta V}$——非均质流体密度，kg/m³；

　　　Δm——非均质流体质量，kg；

　　　ΔV——非均质流体体积，m³。

非均质流体的密度还可以表示成为空间与时间的函数，具体表达式为：

$$\mathrm{d}\rho = \frac{\partial \rho}{\partial x}\mathrm{d}x + \frac{\partial \rho}{\partial y}\mathrm{d}y + \frac{\partial \rho}{\partial z}\mathrm{d}z + \frac{\partial \rho}{\partial t}\mathrm{d}t \tag{4-9}$$

另外流体密度也是压力与温度的函数：

$$\mathrm{d}\rho = \frac{\partial \rho}{\partial p}\mathrm{d}p + \frac{\partial \rho}{\partial T}\mathrm{d}T \tag{4-10}$$

式中　x、y、z——空间坐标；

　　　t——时间，s；

　　　p——流体所处的压力，Pa；

　　　T——流体的温度，℃。

在一个标准大气压下，常见流体的密度为：4℃的水，$\rho = 1000\mathrm{kg/m^3}$；0℃的干空气，$\rho = 1.293\mathrm{kg/m^3}$；0℃的饱和空气，$\rho = 1.29\mathrm{kg/m^3}$。

（二）比体积

如果质量为 m 的流体占有的体积为 V，则均质流体的比体积为 $\dfrac{V}{m}$，m 为均质流体质量，V 为均质流体体积。比体积的单位为 m³/kg。比体积与密度互为倒数，比体积和密度均表示流体某一状态下分子的疏密程度，二者互不独立。

（三）重度

重度是与密度相对而言的概念，重度表示单位体积物质的质量，重度也可称为容重、体积质量，国际单位制中的单位为 N/m³。

均质流体的重度可以表示成为：

$$\gamma = \frac{G}{V} = \frac{mg}{V} = \rho g \tag{4-11}$$

非均质流体的重度可以表示成为：

$$\gamma = \lim_{\Delta V \to 0} \frac{\Delta G}{\Delta V} = \frac{\mathrm{d}G}{\mathrm{d}V} = \frac{(\mathrm{d}m)\mathrm{g}}{\mathrm{d}V} = \rho_{\Delta V}\mathrm{g} \tag{4-12}$$

非均质流体的重度还可以表示成为空间与时间，压力与温度的函数，具体表达式为：

$$\mathrm{d}\gamma = \frac{\partial \gamma}{\partial x}\mathrm{d}x + \frac{\partial \gamma}{\partial y}\mathrm{d}y + \frac{\partial \gamma}{\partial z}\mathrm{d}z + \frac{\partial \gamma}{\partial p}\mathrm{d}p + \frac{\partial \gamma}{\partial T}\mathrm{d}T + \frac{\partial \gamma}{\partial t}\mathrm{d}t \tag{4-13}$$

式中　T——非均质流体的温度，℃；

$\quad\quad t$——时间，s；

$\quad\quad \gamma$——均质流体重度，N/m^3；

$\quad\quad G$——流体所受的重力，N；

$\quad\quad \mathrm{g}$——重力加速度，m/s^2。

根据重度的定义以及公式（4-11）可知，重度等于重力加速度乘以密度。重度这个概念多在力学计算中使用，例如建筑结构、土力学和地基基础的力学计算中要用到的水重度、土重度等。在一个标准大气压下，4℃水的重度为：$\gamma_{水} = 9800\ N/m^3$。

（四）相对密度

对于流体而言，相对密度可分为液体相对密度和气体相对密度，液体相对密度定义为液体的质量与同体积的 4℃蒸馏水的质量之比；气体的相对密度为气体的密度（重度）与同温同压下空气的密度（重度）之比。

$$\delta_{液体} = \frac{\rho_{液体}}{\rho_{4℃蒸馏水}} = \frac{\gamma_{液体}}{\gamma_{4℃蒸馏水}}（液体的相对密度） \tag{4-14}$$

$$\delta_{气体} = \frac{\rho_{气体}}{\rho_{空气}} = \frac{\gamma_{气体}}{\gamma_{空气}}（气体的相对密度） \tag{4-15}$$

在国际单位制中，相对密度为无量纲、无因次量，比如水银的相对密度 $\delta_{水银} = 13.6$。

二、压缩性与膨胀性

（一）压缩性

在一定的温度下，流体的体积随压强升高而缩小的性质称为流体的压缩性。流体的压缩性可用压缩系数和体积弹性模数来表征，体积弹性模数为压缩系数的倒数。

设某一体积为 V 的流体，密度为 ρ，当压强增大 Δp 时，体积减小 ΔV，体积减小率为 $\Delta V/V$，则 $\Delta V/V$ 与 Δp 的比值，称为流体的压缩系数 β。即

$$\beta = \lim_{\Delta V \to 0}\left(-\frac{\Delta V}{V\Delta p}\right) = -\frac{1}{V} \cdot \frac{\mathrm{d}V}{\mathrm{d}p} \tag{4-16}$$

式中　β——压缩系，$1/Pa$ 或 m^2/N；

压缩系数 β 的倒数为 $1/\beta$，称为流体的弹性模量，以 E 表示。即

$$E = \frac{1}{\beta} = \lim_{\Delta V \to 0}\left(-\frac{V\Delta p}{\Delta V}\right) = -V\frac{\mathrm{d}p}{\mathrm{d}V} = \rho\frac{\mathrm{d}p}{\mathrm{d}\rho} \tag{4-17}$$

式中　E——弹性模量，Pa 或 N/m^2；

流体的弹性模量随流体的种类、温度和压强的变化而变化，其大小值表征着流体压缩性的大小。β 值越大，流体的压缩性越大；反之，β 值越小，流体的压缩性越小。水在环境压强 $5 \times 10^5 Pa$ 下的压缩系数为 0.538×10^{-9}，即该条件下，压强每增加 1Pa，水体积减小量与原体积之比为 0.538×10^{-9}，因此水的压缩性很小。

（二）膨胀性

膨胀性指在压强不变的情况下，流体体积随温度升高而增大的特性。流体的膨胀性用体积膨胀系数来表征，体积膨胀系数为压强不变时，温度增加一个单位，密度和体积的相对变化量可表征为：

$$\alpha = \left(-\frac{\partial\rho/\rho}{\partial T}\right)_p \tag{4-18}$$

式中　α——体积膨胀系数，$1/K$。

比如水在环境压力 $1\times10^5 Pa$，环境温度 $0\sim10℃$ 条件下，温度每增加 $1℃$，水的体积膨胀量与原体积之比为 1.5×10^{-4}，因此水的膨胀性很小。通常液体的体积膨胀系数很小，一般工程问题当温度变化不大时，可不予考虑。

（三）不可压缩流体

严格地说不存在完全不可压缩的流体，一般情况下的液体都可视为不可压缩流体，当管路中压降较大时，应作为可压缩流体，比如发生水击、水下爆破等。不可压缩均质流体 $\rho=$ 常数。

三、流体的黏滞性

（一）黏滞性

现以流体在平行平板间流动为例说明流体的黏滞性。如图 4-4 所示，一种流体介于面积相等的两块大的平板之间，这两块平板以一很小的距离分隔开，该系统原先处于静止状态。假设让上面一块平板以恒定速度 u 在 x 方向上运动。贴于运动平板下方的一薄层流体也以同一速度运动。当 u 不太大时，板间流体将形成稳定层流。靠近运动平板的液体比远离平板的液体具有较大的速度，且离固定平板越近的薄层，速度越小，至固定平板处，速度降为零。流体的速度按某种曲线规律连续变化。流体这种速度沿距离的变化称为速度分布。

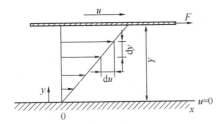

图 4-4　平行平板间流速 u 随垂直于流速方向 y 变化的关系图[1-10]

图 4-4 描述了黏性流体在管中缓慢流动时，流速 u 随垂直于流速方向距离 y 而变化的函数关系图。由于各流层的速度不相同，因而各质点间便产生了相对运动，从而产生内摩擦力以抗拒相对运动。设 F_u 为各层间产生的内摩擦力（黏性力），大量实验证明，内摩擦力 F_u 与流体和平板的接触面积 A、速度梯度 $\frac{du}{dy}$ 成正比，而与接触面的压力无关，即 $F_u \propto A\frac{du}{dy}$。若乘以比例系数 μ 则有：

$$F_u = \mu A \frac{du}{dy} \tag{4-19}$$

此理论被称为牛顿内摩擦定律。剪切应力，即单位面积上的内摩擦力可以表示成为：

$$\tau = \mu \frac{du}{dy} \tag{4-20}$$

式中　τ——剪切应力，N/m^2；

　　　u——流体的速度，m/s；

μ——黏滞系数或动力黏度，N·s/m² 或 Pa·s。

流体在流动过程中由于流体之间的内摩擦力而引起的阻碍流体运动的性质称为流体的黏滞性。

（二）动力黏度与运动黏度

将公式（4-20）变形可得：

$$\mu = \frac{\tau}{\mathrm{d}u/\mathrm{d}y}\tag{4-21}$$

式中 τ——剪切应力，N/m²；

　　u——流体的速度，m/s；

　　μ——黏度或黏滞系数，N·s/m² 或 Pa·s。

μ 被称为动力黏度，其表征为剪切应力与单位速度梯度的比值，反映了流体黏滞性的动力性质。动力黏度的单位为 N·s/m² 或 Pa·s，或称为泊，且 1 泊＝1g/s·cm。与动力黏度 μ 对应的是运动黏度 ν，动力黏度与运动黏度的关系是：

$$\nu = \frac{\mu}{\rho}\tag{4-22}$$

式中 ν——运动黏度，m²/s；

运动黏度的物理意义是单位速度梯度作用下的剪切应力对单位体积的质量作用产生的阻力加速度。运动黏度常用单位还有斯，且 1 斯＝10000cm²/s＝1m²/s。

【例 4-1】 汽缸内壁的直径 $D=12\mathrm{cm}$，活塞的直径 $d=11.96\mathrm{cm}$，活塞长度 $L=14\mathrm{cm}$，活塞往复运动的速度为 1m/s，润滑油的 $\mu=0.1\mathrm{Pa\cdot s}$。求作用在活塞上的内摩擦力。

【解】
$$F_{\mathrm{u}} = \mu A \frac{\mathrm{d}u}{\mathrm{d}y}$$

$$A = \pi \mathrm{d}L = \pi \times 0.1196 \times 0.14 = 0.053 \, \mathrm{m}^2$$

$$\frac{\mathrm{d}u}{\mathrm{d}y} = \frac{1-0}{(D-d)/2} = \frac{1-0}{(0.12-0.1196)/2} = 5 \times 10^3 \, \mathrm{s}^{-1}$$

$$F_{\mathrm{u}} = 0.053 \times 0.1 \times 5 \times 10^3 = 26.5 \, \mathrm{N}$$

（三）相对黏度

相对黏度是指 200mL 的某温度下的液体从恩氏黏度计流出的时间 t_1 与 200mL 的 20℃蒸馏水流出恩氏黏度计的时间 t_2 的比值，其公式可以表示为：

$$^0E = \frac{t_1}{t_2}\tag{4-23}$$

式中 ^0E——相对黏度。

恩氏黏度计如图 4-5 所示，是按照国家标准《石油产品恩氏黏度测定法》（GB 266）规定的要求设计制造的，适用于测定液体在一定温度、容积的条件下，从恩氏黏度计流出的时间（秒）与蒸馏水在 20℃时流出的时间（秒）之比，即为液体的恩氏黏度。

运动黏度与相对黏度的关系可用下式表示：

$$\nu = \left(7.31^0E - \frac{6.31}{^0E}\right) \times 10^{-6}\tag{4-24}$$

式中 ν——运动黏度，m²/s。

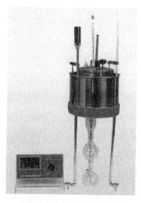

图 4-5 恩氏黏度计

（四）黏度与温度的关系

因为分子之间的内聚力对液体黏性起主要作用，所以当液体温度升高时，分子间距离变大，内聚力相应变小，因而黏度下降，所以液体黏度随温度升高急剧下降。水的运动黏度与温度的关系可用下列经验公式表示：

$$\nu = \frac{0.01775}{(1 + 0.0337t + 0.000221t^2)} \tag{4-25}$$

式中　t——水温，℃。

更多数据见表 4-3。

表 4-3　不同温度下水的黏度[1-10]

温度/℃	水		温度/℃	水	
	$\mu/(10^{-3}\text{Pa}\cdot\text{s})$	$\nu/(10^{-6}\text{m}^2\cdot\text{s}^{-1})$		$\mu/(10^{-3}\text{Pa}\cdot\text{s})$	$\nu/(10^{-6}\text{m}^2\cdot\text{s}^{-1})$
0	1.792	1.792	60	0.469	0.477
10	1.308	1.308	70	0.406	0.415
20	1.005	1.007	80	0.357	0.367
30	0.801	0.804	90	0.317	0.328
40	0.656	0.661	100	0.284	0.296
50	0.549	0.556			

（五）牛顿、非牛顿流体与理想流体

我们将满足牛顿内摩擦定律的流体称之为牛顿流体，如水、空气、汽油、煤油、乙醇等，不满足牛顿内摩擦定律的流体，即其剪切应力 τ 与速度梯度 $\dfrac{du}{dy}$ 之间不是线性关系的流体，如泥浆、血浆、奶油、高分子聚合物和胶质体等称之为非牛顿流体。图 4-6 表示常见的几种牛顿流体、非牛顿流体（宾汉型塑性流体、假塑性流体、膨胀性流体）、剪切应力与速度梯度之间的关系，其中 τ_0 为初始（屈服）切应力。

宾汉型塑性流体是非牛顿型流体。此类流体的剪应力与速度梯度成线性关系，但直线不过原点。即

$$\tau = \tau_0 + \mu\frac{du}{dy} \tag{4-26}$$

这个关系表示剪切应力超过一定值后流体才开始流动，该种流体在静止时具有三维结构，其刚度足以抵抗一定的剪应力。当剪应力超过一定的数值后，三维结构被破坏，于是流体就显示出与牛顿流体一样的行为。属于此类流体的有纸浆、牙膏、岩粒的悬浮液、污泥浆等。

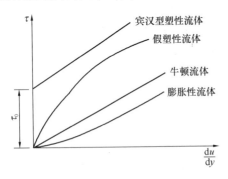

图 4-6　牛顿流体、非牛顿流体剪应力与速度梯度之间的关系[1-10]

假塑性流体是非牛顿流体的一种。其特征是：表示剪切应力 τ 和速度梯度 $\dfrac{du}{dy}$ 关系的流变曲线通过原点，但二者不呈线性关系，$\dfrac{du}{dy}$ 比 τ 增加得更快，流体的黏度随速度梯度的增加

而减小，这称作剪切稀化现象。高分子熔体和浓溶液大都属于假塑性流体。

膨胀性流体是在外力作用下，其黏度会因速度梯度的增大而上升的流体，但在静置时，能逐渐恢复原来流动较好的状态。

不考虑黏性作用的流体，其 $\mu=0$，即无黏性流体，称为理想流体。一切流体都具有黏性，理想流体的假设是对流体物理力学性质的简化。在某些流体力学问题中黏性的作用不大，忽略黏性的作用，可以得出流体运动的一些基本规律。

参 考 文 献

[1]　赵琴，工程流体力学[M]. 重庆：重庆大学出版社，2014.

[2]　潘文全. 工程流体力学[M]. 北京：清华大学出版社，1988.

[3]　刘鹤年. 流体力学[M]. 北京：中国建筑工业出版社，2001.

[4]　闻德苏，等. 工程流体力学(水力学)[M]. 北京：高等教育出版社，1990.

[5]　陈文义，流体力学[M]. 天津：天津大学出版社，2004.

[6]　屠大燕. 流体力学与流体机械[M]. 北京：中国建筑工业出版社，1994.

[7]　潘文全. 流体力学基础[M]. 北京：机械工业出版社，1982.

[8]　张兆顺，崔桂香. 流体力学[M]. 北京：清华大学出版社，2006

[9]　龙天渝，童思陈. 流体力学[M]. 重庆：重庆大学出版社，2012.

[10]　李玉柱. 贺五训. 工程流体力学[M]. 北京：清华大学出版社，2006.

[11]　蔡增基，龙天渝. 流体力学泵与风机(5)版[M]. 北京：中国建筑工业出版社，2009.

[12]　毛根海. 应用流体力学[M]. 北京：高等教育出版社，2006.

[13]　奚斌. 水力学(工程流体力学)实验[M]. 北京：中国水利水电出版社，2007.

第五章　流体力学基本实验

流体力学实验就是对流体的基本性质进行实验性研究，因此不仅需要定性地观察流动现象，更重要的是对流体的物理性质进行一系列的定量测量工作。本章主要介绍了流体基本要素测量方法、技术、设备和相关实验。

第一节　流体基本要素测量

一、水位测量

水位测量是液位测量的一种，在实验室中常用的测量设备有测压管式水位计、水位测针和数字编码自动跟踪水位仪；在工程中的水位测量设备有水尺、浮子式水位计和跟踪式水位计。

（一）测压管式水位计

测压管式水位计是根据连通管原理，用来量测某过水断面水位的器具。它是由测压孔、连接管与测压管组成，其结构图如图 5-1 所示。

由于测压管可以如实地显示出无压容器、明渠等水面的标高，因此也可用于无压流动水位的测量。测压管测量水位，其精度约为 1mm，为减少毛细现象的影响，测压管径不宜太细，以内径大于 10mm 为宜。

（二）水位测针

水位测针是实验室测量水位、水面曲线等基本量的主要仪器之一，如图 5-2、图 5-3 所

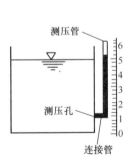

图 5-1　测压管水位计

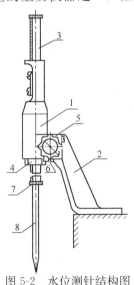

图 5-2　水位测针结构图

1—套筒；2—支座；3—测杆；4—微动机构；

5—微动轮；6—制动螺丝；7—螺帽；8—测针尖

示。图中套筒1牢固地安装在支座2上，测杆3以弹簧片嵌固在套筒上，通过齿盘带动套筒上下移动来调整测针上下移动。

水位测针结构简单，精度可达0.1mm。为了避免表面吸附作用的影响，还可以把针尖做成钩状。测量时，应使针尖自上向下逐渐接近水面（勿从水中提起），直至针与其水中倒影刚巧重合；钩状测针则先将针尖浸入水中，然后慢慢向上移动至使针尖触及水面时进行测读；测量波动水位时，则应测量最高与最低水位多次，取平均值作为平均水位。

（三）数字编码自动跟踪水位仪

数字编码自动跟踪水位仪与数字记录仪或巡回检测仪配合，可作多点测量，并将数据打印记录，也可作单点测量，数字显示。数字编码自动跟踪水位仪如图5-4所示。

图5-3　水位测针实物图

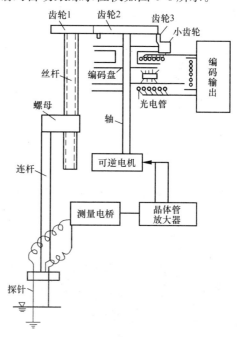

图5-4　数字编码自动跟踪水位仪原理图

跟踪水位仪的传感器是两根不锈钢探针，一长一短，长的一根接地，短的一根插入液体中约0.5～1.5mm深，作为电桥的一臂。当探针相对于水面不动时，两根探针间的水电阻不变，此时电桥处于平衡状态，无信号输出。当水位升降变化时，水电阻改变，使电桥失去平衡。将电信号送入放大器，放大了的电信号驱动可逆电机转动，带动探针上下移动。当达到平衡位置，电桥亦无输出，电机停止转动，从而达到跟踪水位的目的。目前国产水位仪最大跟踪速度为1.5m/s，跟踪最大距离为400cm，读数精度为0.1mm。跟踪式水位计见图5-9。

（四）工程中常用的水位测量工具

上述介绍的是实验室中水位测量的常用工具，在工程中常使用一些其他工具，这里也进行简单的说明。

1. 水尺

水尺观测是水位测量的最原始方式，其通过读数的方式进行水位测量水尺及电测水位尺如图 5-5、图 5-6 所示。

<table>
<tr><td>图 5-5　水位标尺</td><td>图 5-6　电测水位尺</td></tr>
</table>

2. 浮子式水位计

浮子式水位计如图 5-7 所示，其原理图见图 5-8。

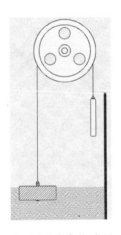

图 5-7　浮子式水位计　　　　　图 5-8　浮子式水位计原理图

　　浮子式水位计是利用水位升降作为动力，进行液面测量，其优点是直接接触水面，测量可靠，且结构简单，无需动力。浮子式水位计缺点是：当有风浪时钢丝绳与水位轮之间可能会打滑，因此需要建水位井；钢丝绳会产生质量转移误差，在高精度（毫米级）测量中质量转移误差尤为明显。

　　3. 跟踪式水位计

　　跟踪式水位计，是以电机驱动水位轮，进行液面测量，可避免浮子式水位计的一些缺点，其优点是探头直接接触水面，测量可靠，若没有浮子，水位井直径可以很小。跟踪式水位计的主要缺点是需要电机驱动水位轮，有额外的功耗。

　　二、压力测量

　　流体力学中压力测量常用的工具有金属压力表、测压管和比压计。

（一）金属压力表

金属压力表用来量测量较大的压强，可分别测量容器内的相对压强和真空度如图 5-10 所示。密闭容器内压强的真实值称为绝对压强，但金属压力表所测的压强为相对压强，又称表压强。表压强等于绝对压强减去大气压强。另有一种金属压力表称为真空表，所测数值为真空度，即当密闭容器内绝对压强小于大气压强，由真空表所测量到的差值，在数值上真空度等于大气压强减去绝对压强。表压强、真空度、绝对压强和大气压强的关系见图 5-11。

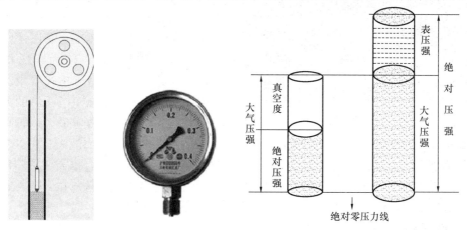

图 5-9　跟踪式水　　图 5-10　金属压力表　　图 5-11　表压强、真空度、绝对压强和
位计（设有水位井）　　　　　　　　　　　　　　　　　大气压强的关系

（二）测压管

测压管是用来测量流体中对应点上的压力的。测压管一般多为玻璃管，管内充满已知容重的液体。测压管分为直管形测压管和 U 形测压管。直管形测压管是一根直径不小于 10mm 的透明有机玻璃管（透明有机玻璃管的毛细现象弱于玻璃管），它由测压孔、连接管及测压管三部分组成，如图 5-12 所示，其一端与欲测压强的测点相连，另一端开口与大气相通。当测量较大压强时，可采用 U 形测压管（U 形水银测压计），如图 5-13 所示。

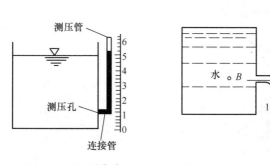

图 5-12　测压管[1-4]　　　　图 5-13　U 形水银测压计[1-4]

（三）比压计

比压计是用来测量流体的两个不同点的压力差值的。若两点的高程不同，则该差值就是两点的压力之差，常用的比压计有水比压计和水银比压计。

三、流速测量

单位时间内流体在流动方向上流过的距离称为流速，单位为 m/s。常用来测量流速的仪器有毕托管，微型旋桨式流速仪，电磁式、超声式流速仪，热线流速仪，激光流速仪，粒子图像测速技术。

（一）毕托管

毕托管是实验室中最常用的测速设备，它由测压管（静压管）和测速管（动压管）两部分组成，如图 5-14 所示。测速时，将毕托管置于被测流体的相应点，动压孔对准来流方向，

根据公式 $u = K\sqrt{2g\Delta h}$，通过读取比压计（测量测压管和测速管差值）上的差值 Δh，就能计算出该点的流速 u，毕托管所测量的流速是其时间平均值。K 为毕托管修正系数，可由实验确定。由于毕托管本身不能自动调整方向，量测时须使毕托管的方向与水流方向一致，此时读数应最大，否则测得的

图 5-14　毕托管

数值就不正确。测量前，应将毕托管放入静水匣，观察其两个测压管内液面是否处于同一水平面，以鉴别管内是否有气泡；如有气泡，应设法将其排走。测量时，也需注意勿使毕托管露出水面，以免漏进空气。当被测介质为气体时，可直接与微压计连接测量。毕托管不宜量测过小的流速，当流速小于 $10cm/s$ 时，测量结果误差较大。

（二）微型旋桨式流速仪

微型旋桨式流速仪主要用于测量明渠水流的流速，是目前国内外实验室常用的流速测量仪器，如图 5-15 所示。它是由旋桨传感器、计数器和有关配套的仪表组成。使用时，将旋桨传感器固定于被测点，使旋桨正对流动方向，由水流作用使旋桨转动，流速越大，转动越快。由于流速与旋桨的转速成线性关系，可根据旋桨转速计算出水流流速。

（三）电磁式、超声式流速仪

电磁式流速仪是根据法拉第电磁感应定律，用水作为导体来测量流速的流速测量仪器，如图 5-16 所示。其优点是频响高，能测量多维瞬时速度分量，并可在浑浊的水中使用，其缺点是易受电磁场干扰。超声式测速仪利用多普勒原理来测量流速，其使用特点与电磁式类似。

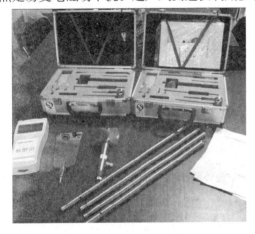

图 5-15　微型旋桨式流速仪　　　　　图 5-16　电磁式流速仪

（四）热线流速仪

热线测速仪利用热线技术测量流速，该仪器具有检测元件小、频响快、灵敏度高、对流

体干扰小的优点，能用于测量脉动流速等随机动态变量，但对水体水温和水质要求较高。

（五）激光流速仪

激光流速仪测量流速的原理为多普勒效应理论，即激光照射运动的流体时，入射光被流体运动的微粒子散射，其散射光与入射光的频率之差即为多普勒频差，多普勒频差与粒子的运动速度成正比，因此确定频差就可以确定流体的运动速度。激光流速仪的优点是对流体无干扰，精度高，频响好，测速范围大。缺点是价格高，实用中难以普及。

（六）粒子图像测速技术（PIV，Particle Image Velocimetry）

PIV 技术是通过测量水质点在已知时间间隔内的位移实现水质点运动速度的测量。测量时，通过在流体中投放粒子，以粒子速度代表其所在流场内相应位置处流体的运动速度，利用自然光或激光对所测平面进行照射，形成光照平面，并使用 CCD 相机（charge coupled device，电荷耦合器件）等摄像设备获得示踪粒子的图像，对拍摄到的 PIV 图像序列进行相关分析，就能获得瞬时流场的二维或三维流速矢量分布。

四、流量的测量

流体的流量是指在短暂时间内流过某一流通截面的流体数量与通过时间之比因该时间足够短，因此可认为在此期间的流动是稳定的，因此流量又称为瞬时流量。流体数量以体积表示称为体积流量，流体数量以质量表示称为质量流量。常用流量的测量方法有：体积法和质量法。用体积法测流量时，以秒表计算时间，以量筒或水箱测出相应计量时间内液体的体积。体积法一般用于量测较小的流量。质量法测流量与体积法基本一致，区别在于所得结果为质量流量而非体积流量。流量测量常用的仪器有：文丘里管流量计、弯管流量计和量水堰、涡轮流量计、转子流量计、超声波明渠流量计、超声波管道流量计、电磁流量计。

（一）文丘里管流量计

文丘里管是在有压管道上量测流量的一种仪器。它是由圆锥形收缩段、圆柱形喉管和圆锥形扩散段三部分结合测压管而组成的。由于喉管断面收缩，断面流速加大，动能变大，势能变小，喉管断面的测压管高度和收缩段进口断面的测压管高度就有一差值 Δh，根据能量方程和连续性方程，可推导出文丘里管的流量公式为：

$$Q = \frac{\pi}{4} \times \frac{D^2 d^2}{\sqrt{D^4 - d^4}} \sqrt{2g\Delta h} \tag{5-1}$$

式中　Q——流量，cm^3/s；

　　　D——管道直径，cm；

　　　d——喉管直径，cm；

　　　Δh——测压管高度差，cm。

与文丘里管相类似的测流量设备还有孔板流量计和喷嘴流量计，这两种流量计的工作原理与文丘里管相同。

（二）弯管流量计

弯管流量计是通过测量弯管处流体因惯性原理产生的差压以测量来计算流量的装置。弯管流量计在热力、热电、冶金、石化等行业的蒸汽、煤气、天然气、冷热水、油、空气等介质测量中应用广泛。弯管流量计测量流量的原理见公式 5-2 和公式 5-3。

$$F = m\left(\frac{v^2}{R}\right) \tag{5-2}$$

式中　F——流体对弯管施加的离心力，N；

　　　v——弯管中的平均流速，m/s；

　　　R——弯管中心曲率半径，m。

对公式（5-2）进行整合、积分处理之后，可得到如下关系式：

$$v = \alpha \left(\frac{R}{d}\right)^{\frac{1}{2}} \cdot \left(\frac{\Delta P}{\rho}\right)^{\frac{1}{2}} \tag{5-3}$$

式中　$\dfrac{R}{d}$——弯管中心曲率半径与弯管内径的比值；

　　　ΔP——流体通过弯管传感器时产生的压力差值，N；

　　　ρ——流体介质密度，kg/m³；

　　　α——综合流量系数（与弯管传感器的结构形式、流体的雷诺数、动力黏度、压缩系数、管道的粗糙度等参数有关）。

公式（5-3）为弯管流量计计算流量的基本公式，公式表明流体在弯管中流动时，流体对弯管施加的离心力与流体密度、平均流速及弯管几何尺寸之间的关系。

（三）量水堰

量水堰多采用薄壁堰，其断面形状一般为矩形、三角形或者梯形（图5-17，图5-18）。

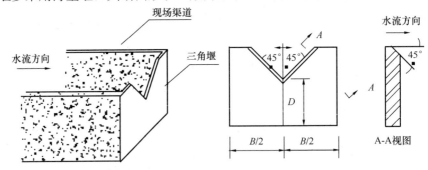

图 5-17　三角堰[1-4]

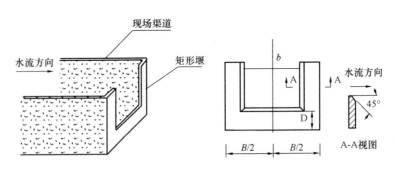

图 5-18　矩形堰[1-4]

当实测的流量较小时，宜选用三角堰；当实测的流量较大时则选用矩形堰；在实验过程中，如流量变幅较大，可建造两个量水堰，即用三角堰控制小流量、矩形堰控制大流量。根据伯努利方程，堰上水头和流量的关系可写为：

$$Q = KBh^n \tag{5-4}$$

式中　Q——流量，m³/s；

K——流量系数；

h——堰上水头，mH_2O；

B——堰宽，m；

n——指数，其值根据堰形而定，常见堰形中，矩形堰 $n=3/2$，三角形堰 $n=5/2$。量水堰在使用前应进行校验，不同堰形的安装尺寸、流量公式及其适用范围均有差异。

（四）涡轮流量计

涡轮流量计的测量原理是当被测流体流经传感器时，传感器内的叶轮借助于流体的动能而产生旋转，周期性地改变磁电感应转换系统中的磁阻值，使通过线圈的磁通量周期性地发生变化而产生电脉冲信号，在一定的流量范围下，叶轮转速与流体流量成正比，即电脉冲数量与流量成正比。该脉冲信号经放大器放大后送至二次仪表进行瞬时流量和累积流量的显示，见图 5-19 和图 5-20。

图 5-19 涡轮流量计

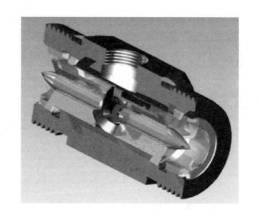

图 5-20 涡轮流量计内部结构图

在一定的测量范围内，传感器的输出脉冲总数与流过传感器的流体体积总量成正比，其比值称为仪表常数，以 ξ（次/L）表示。每台传感器都通过实际标定测得仪表常数值。当测出脉冲信号的频率 f 和某一段时间内的脉冲总数 N 后，分别除以仪表常数 ξ 便可求得瞬时流量 q（L/s）和累积流量 Q（L）。即：

$$q = f/\xi$$
$$Q = N/\xi$$

式中 q——瞬时流量，L/s；

f——脉冲信号的频率，Hz；

Q——累积流量，L；

N——某一段时间内的脉冲总数，次。

（五）转子流量计

转子流量计是利用管内浮子上升高度与水流冲击力成正比，而管内水流冲击力又与管内过流量成正比的原理进行测量的，转子流量计的结构见图 5-21，其是由玻管、浮子等部件组成。转子流量计测量的流量为体积流量，其基本方程式为：

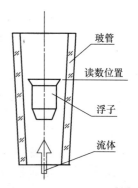

玻管

读数位置

浮子

流体

图 5-21 转子流量计[1-4]

$$Q = \alpha \varepsilon \Delta F \sqrt{\frac{2gV_f(\rho_f - \rho)}{\rho F_f}} \tag{5-5}$$

当浮子为非实芯中空结构，则

$$Q = \alpha \varepsilon \Delta F \sqrt{\frac{2g(G_f - V_f\rho)}{\rho F_f}} \tag{5-6}$$

式中　α——仪表的流量系数，因浮子形状而异；

ε——当被测流体为气体时的气体膨胀系数，通常由于此系数矫正量很小而被忽略，且通过校验已将它包括在流量系数内，如为液体则 $\varepsilon = 1$；

ΔF——流通环形面积，m^2；

g——当地重力加速度，m/s^2；

V_f——浮子体积，如有延伸体亦应包括，m^3；

ρ_f——浮子材料密度，kg/m^3；

ρ——被测流体密度，如为气体是在浮子上游横截面上的密度，kg/m^3；

F_f——浮子工作直径（最大直径）处的横截面积，m^2；

G_f——浮子质量，kg。

流通环形面积与浮子高度之间的关系如式（5-7）所示，当结构设计已定，则 d、β 为常量。(5-7) 式中有 h 的二次项，一般不能忽略此非线性关系，只有在圆锥角很小时，才可视为近似线性。

$$\Delta F = \pi\left(dh\tan\frac{\beta}{2} + h^2\frac{\beta}{2}\right) = ah + bh^2 \tag{5-7}$$

式中　d——浮子最大直径（即工作直径），m；

h——浮子从锥管内径等于浮子最大直径处上升高度，m；

β——锥管的圆锥角；

a、b——常数。

（六）超声波明渠流量计

超声波明渠流量计为明渠量测设备。该仪器采用气质集成超声波传感器进行液位测量，实现非接触测量。当被测介质全部通过流量槽（巴歇尔槽，Parshall）或堰（薄壁三角形堰、薄壁矩形堰）形成自然流动时，其流量 Q 与流量槽上游水位 H 就有如下关系：

$$Q = KH^n$$

式中　K——流量系数，其对于不同规格的槽和堰，各有不同的值；

H——液位高度，m；

n——指数值。

液位高度（H）由下式确定

$$H = h_{max} - h$$

其中，传感器至流量槽零液位时的距离为 h_{max}（图 5-22）。超声波液位传感器在计算机的控制下，进行超声发射和接受。由超声波的传播时间 t 可计算传感器与液面之间的距离：

$$h = \frac{ct}{2}$$

式中　c——超声波在空气介质中的传播速度，m/s。

（七）超声波管道流量计

当超声波在液体中传播时，液体的流动将使传播时间产生微小变化，并且其传播时间的变化正比于液体的流速，由此可求出液体的流速，其原理见图5-22。

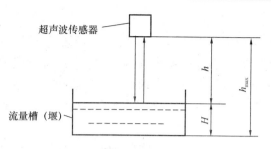

图5-22 超声波明渠流量计计量原理示意图[1-4]

如图5-23所示，在待测流量管道外表面上，按一定相对位置安装一对超声探头。超声波管道流量计安装力式分为"Z"，"W"和"V"形方式。一个探头受电脉冲激励产生的超声脉冲，经管壁——流体——管壁为第二探头所接收，从发射至接收超声脉冲传播时间 t，依其顺逆流向分别为：

$$t_{up} = \frac{MD/\cos\theta}{C_0 + v\sin\theta} \tag{5-8}$$

$$t_{down} = \frac{MD/\cos\theta}{C_0 - v\sin\theta} \tag{5-9}$$

式中 M——声束在液体中的传播次数，次；

D——管道内径，m；

θ——超声波束入射角；

C_0——静止时流体声速，m/s；

v——管内流体沿管直径方向的平均流速，m/s；

t_{up}——声束在正方向上的传播时间，s；

t_{down}——声束在逆方向上的传播时间，s；

Δt——声束在正逆两个方向上的传播时间差，s。

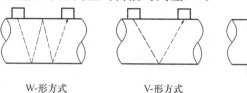

W-形方式　　　　V-形方式　　　　Z-形方式

图5-23 超声波管道流量计安装方式[1-4]

根据公式（5-8）和（5-9），可得出流体沿直径方向上的平均流速为：

$$v = \frac{MD}{\sin2\theta} - \frac{\Delta t}{t_{up} - t_{down}} \tag{5-10}$$

时差式超声波管道流量计适用于无气泡的单一纯净液体的测量。式(5-8)、式(5-9)、式(5-10)是在理想情况下得到的，实际上工业管路中液体流动情况是十分复杂的，结垢、管内壁粗糙程度等众多因素都会影响超声波流量计的测量精度。实物及原理见图5-24、图5-25。

图5-24 超声波管道流量计

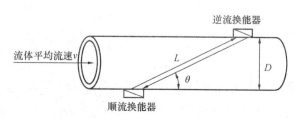

图5-25 超声波管道流量计原理

（八）电磁流量计

电磁流量计，是通过转换器测量各种导电液体或液固两相介质的体积流量如图 5-26 所示。转换器是根据法拉第电磁感应原理制成的，如图 5-27 所示。当导电液体沿测量管在交变磁场中做与磁力线垂直方向的运动时，导电液体切割磁力线而产生感应电势。在与测量管轴线和磁场磁力线相互垂直的管壁上，安装了一对检测电极，可将感应电势检测出来。

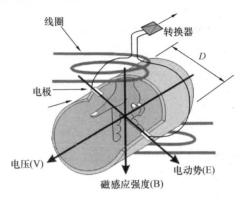

图 5-26　电磁流量计　　　　图 5-27　电磁流量计原理示意图

若感应电势为 E，则有

$$E = BvD \tag{5-11}$$

式中　E——感应电动势，V（伏特）；

　　　B——磁通密度，T（特斯拉）；

　　　D——电极间的距离，与测量管内径相等，m；

　　　v——测量管内被测流体在横截面上的平均流速，m/s。

磁场磁通密度 B 是恒定不变值，电极间距离 D 为一常数，则感应电动势 E 与被测液体的平衡流速 v 成正比。管横截面上的瞬时体积流量 Q 与平均流速 v 之间的关系为：

$$Q = \frac{\pi D^2}{4} v \tag{5-12}$$

将式（5-11）代入式（5-12）得：

$$Q = \frac{\pi D}{4B} E = KE \tag{5-13}$$

式中　K——仪表常数。

由式（5-13）可知，当仪表常数 K 确定后，感应电动势 E 与流量 Q 成正比。E 通常称为流量信号，将流量信号输入转换器，经处理输出与流量成正比的 0～10mA DC 信号或 4～20mA DC 信号。

第二节　流体静力学实验

流体静力学的主要研究内容是流体在静止状态下的力学与平衡的规律，是在连续介质的概念下，研究流体的密度、温度、压强和可压缩性，比如压强的分布规律和固体壁面所受到的流体总压力。本节的目的是通过流体静力学实验，进一步加深学生对流体力学基本概念的理解；使学生掌握测压管测量不可压缩流体静水压强的原理和方法；掌握绝对压强、相对压强、真空度概念，观察真空度；让学生验证静水中同一基准面任意两点的测压管水头为一常数；验证不可压缩流体静水压强基本方程式，理解其物理意义与几何意义，并测量油的密度。

一、基本原理

（一）基本概念：

1. 静止流体总压力 P：

静止流体的总压力 P 为静止流体与容器壁之间、内部相邻两部分流体之间的作用力（该位置受到的法向方向表面力），单位为"牛"，N。

2. 平均静压强：

平均静压强为单位面积上的总压力。在国际单位制中，静压强的单位为帕（Pa），1Pa＝1N/m²，公式可以表示为：

$$\bar{p} = \frac{\Delta P}{\Delta A}$$

式中　ΔA——流体切面上的微小面积，m²；

　　　ΔP——相邻流体作用在面积 ΔA 上的静压力，N；

　　　$\bar{p}$——平均静压强，Pa。

3. 流体某点的静压强：

当面积 ΔA 无限缩小到一点时，其极限值为某点的静压强。

$$p = \lim_{\Delta A \to 0} \frac{\Delta P}{\Delta A} = \frac{dP}{dA}$$

式中　p——流体某点静压强，Pa；

　　　ΔA——微元面积，m²；

　　　ΔP——作用在 ΔA 表面上的总压力大小，N。

4. 等压面：

在流体中压强相等的各点组成的面称为等压面，等压面的方程可以表示为：

$$X dx + Y dy + Z dz = 0$$

X，Y，Z——表示三个坐标；

5. 位置水头

流体内任意一点相对于基准面（$Z=0$）的位置高度，也即 Z 坐标值。表示单位质量流体从基准面算起所具有的位置势能，即单位位能。

6. 压强水头

在流体某点静压强 p 作用下流体沿测压管上升的高度。表示单位质量流体从压强为大气压算起所具有的压强势能，简称单位压能。

（二）实验原理

1. 流体静压强的基本公式：

$$p = p_0 + \rho g h$$

或者：

$$p = p_0 + \gamma h$$

其中 p_0 为流体表面上的气体压强（Pa），$\rho g h$ 表示为高度为 h 的流体产生的压强，ρ 表示为流体的密度，γ 表示流体的重度（N/m³）。静水压强也可以表示成为如下公式：

$$Z + \frac{p}{\rho g} = c$$

$$Z + \frac{p}{\gamma} = c$$

其中 c 为常数。流体静压强基本公式适用于重力场中连续的、均质的不可压缩流体。

2. 流体静压强的物理意义及几何意义

（1）物理意义，即静止液体中的能量守恒定律：

根据公式

$$Z + \frac{p}{\rho g} = c$$

式中 Z 表示为单位质量流体对某一基准面的位置势能，$\frac{p}{\rho g}$ 表示单位质量流体的压强势能，c 为常数。位置势能和压强势能之和称为单位质量流体的总势能。静水压强基本方程的物理意义可以表示为在重力作用下静止流体中各点的单位质量流体的总势能是相等的。

（2）几何意义：

$$Z + \frac{p}{\gamma} = c$$

式中 Z 表示为单位质量流体的位置水头，$\frac{p}{\gamma}$ 表示为单位质量流体的压强水头，c 为常数。静水压强基本方程的几何意义可以表述为各测压管总水头必然相等。

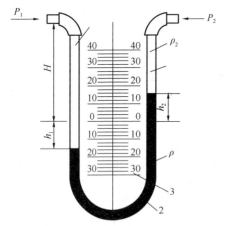

图 5-28　U 形测压管[1-4]

1—U 形玻璃管；2—工作液；3—刻度尺

3. U 形测压管原理

U 形测压管如图 5-28 所示，当被测容器中的流体压力高于大气压力（$P_1 > P_2$）时，利用 U 形测压管左右两管等压面的静压强相等这个条件，可得左侧口点的相对压强为：

$$p_1 = \rho_2 g h_2 + \rho_1 g h_1$$

式中，ρ_1，ρ_2 分别为高度为 h_1 和 h_2 管内的流体密度。

4. 利用 U 形测压管测量流体密度

对装有水和油的 U 形测压管，应用不可压缩流体静水压强基本方程，可得到油的密度。根据其测量原理可分为加压法和减压法。

（1）加压方法：关闭所有阀门，用打气球充气。当 U 形测压管中水面与油水界面齐平（图 5-29（a）），取其顶面为等压面，则有：

$$p_{01} = \rho_{油} g H = \rho_{水} g h_1 \tag{5-14}$$

（2）减压方法：开启底阀放水当 U 形测压管中水面与油面齐平（图 5-29（b）），取油水

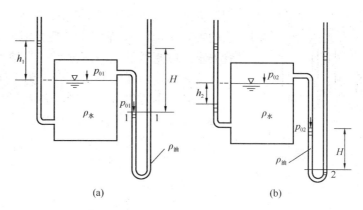

图 5-29　油密度测量示意图

界面为等压面

$$p_{02} + \rho_{水} g H = \rho_{油} g H$$
$$p_{02} = - \rho_{水} g h_2 \qquad (5\text{-}15)$$

(5-14)，(5-15) 两式联解得：

$$\frac{\rho_{油}}{\rho_{水}} = \frac{h_1}{h_1 + h_2} \qquad (5\text{-}16)$$

此为测量油密度的原理公式。

二、仪器和装置

流体静力学实验包括两种仪器，分别为静水压强实验仪和流体静力学综合型实验装置。

（一）静水压强实验仪：如图 5-30 所示

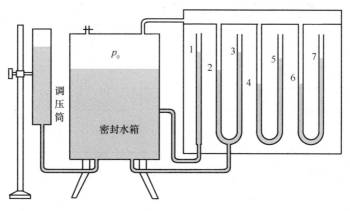

图 5-30　静水压强实验仪[3]

在密封的有机玻璃水箱内有适量的水，有乳胶管将调压筒与水箱相连，调压筒的顶部与大气连通。测压排中三个 U 形测压管 2、4、6 相通，U 形测压管 2，3 与水箱连通，U 形测压管 4，5 和 6，7 与水箱不连通。

（二）流体静力学综合型实验装置，如图 5-31 所示：

该实验装置由可密封的水箱、气阀、活动蓄水桶和测压管等组成。可密封的水箱用来实

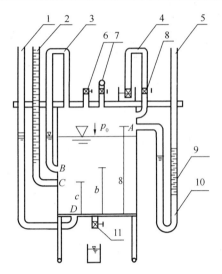

图 5-31　流体静力学综合型
实验装置图[1-8]

1—测压管；2—带标尺测压管；3—连通管；

4—真空测压管；5—U 形测压管；6—通气阀；

7—加压打气球；8—截止阀；9—油柱；

10—水柱；11—减压放水阀

现液面某点压强 p_0 大于大气压强 p_a 及 p_0 小于大气压强 p_a 两种状态。管 1、管 2 为直管形测压管，直管形测压管要求液体测点的绝对压强大于当地大气压，否则因气体流入测点而无法测压。管 5 为 U 形测压管；管 3 为连通管。本装置中连通管与各测压管同为等径透明的有机玻璃管，液位测量精度为 1mm。

三、实验测量及计算

（一）静水压强实验仪

1. 实验步骤

（1）关闭密封阀，并检查密封效果：移动调压筒至某一高程位置。各管液面也将上升或下降。如果密封好，则各管液面升降的速度越来越慢，并最终停止在某一高程位置。若密封效果差，则各管的液面总是不停升降，直至与水箱液面平齐，则说明有漏气。

（2）将调压筒升至某高度并将其固定，待各管液面稳定后，读取各管的液面高度读数，填入数据表 5-1。

本实验每管测量 6 组数据，其中 p_0 大于 p_a（调压筒液面高于水箱液面）和 p_0 小于 p_a（调压筒液面低于水箱液面）分别测量。

2. 实验数据记录

分别记录在 p_0 的不同情况下，读取测压管 1～7 的读数，如表 5-1 所示：

表 5-1　测压管液面高程记录表[4][7][8]

工况	测次	管 1	管 2	管 3	管 4	管 5	管 6	管 7
$p_0 > p_a$	1							
	2							
	3							
$p_0 < p_a$	1							
	2							
	3							

（二）流体静力学综合型实验装置

1. 实验步骤

（1）检查仪器是否密闭，加压后观察管 1、管 2 和管 5 液面高度是否恒定；

（2）设置 p_0＝大气压力的条件，打开通气阀 6；

（3）设置 p_0 大于大气压力的条件，关闭所有阀门，利用加压打气球 7 打压，以形成正压；

（4）设置 p_0 小于大气压力，关闭所有阀门，开启放水阀 11，以形成负压；

（5）分别求出各次测量时 A、B、C、D 点的压强，并选择一基准面验证同一静止液体

内任意两点 C、D 的 $Z + \dfrac{p}{\gamma}$ 为常数；

（6）求出油的密度。

2. 记录实验数据（表 5-2）

表 5-2　油密度测量记录及计算表[4][7][8]

工况	次序	水箱液面高程（cm）	测压管液面高程（cm）	h_1（cm）	h_1 平均	h_2（cm）	h_2 平均	$\dfrac{\rho_{oil}}{\rho_{water}} = \dfrac{h_1}{h_1 + h_2}$
$p_0 > p_a$	1							
	2							$\rho_{oil} = \qquad$ kg/m³
$p_0 < p_a$	1							
	2							

四、结果及现象讨论

1. 当静水压强实验仪中管 2、管 3 的液面平齐时，管 4、管 5 以及管 6、管 7 的液面是否分别平齐？

2. 静水压强实验仪中管 1 和管 5 都与大气相通，其液面是否处在同一个等压面上？

五、注意事项

1. 读取测压管液面标高时，一定要等液面稳定后再读，并注意视线与液面最低处处于同一水平面上，避免产生误差。

2. 如发现测压管中水位不断改变，说明容器或测压管漏气，此时应采取止漏措施。

3. 开关气阀时，切忌在水平面转动气阀。

4. 读数时，注意测压管标号和记录表中要对应。

六、习题与思考题

1. 实验设备中，哪几根测压管内液面始终和密闭水箱内液面保持同高，为什么？

2. U 形管中的压差与液面压强 p_0 的变化有什么关系？

3. 如何减少在毛细现象影响下测压管的读数误差？

第三节　毕托管测速与修正系数标定实验

无论在自然界或工程实际中，流体的静止总是相对的，运动才是绝对的。流体力学研究的主要问题是流速和压强在空间中的分布。本节的主要目的是让学生在理解基本概念和了解毕托管构造、使用条件的基础上，掌握用毕托管测量点流速的技能；学习确定毕托管流速修正因数的技能并检验其测量精度；分析管嘴淹没出流的点流速分布及点流速因数的变化规律。

一、基本原理

（一）基本概念

1. 流速。

指流体在单位时间内流过的距离，其既有大小又有方向。

2. 平均流速。

见第六章第一节伯努利方程实验。

3. 静压强、动压强和总压强。

（1）静压强：静压强的相关定义见第五章第二节流体静力学实验基本原理。

（2）动压强：有时可称为动压力，流体流动中将动能转换成压强或压力的形式；动压是无法直接测量的，动压强的计算公式是：

$$p_d = 0.5\rho v^2$$

式中　p_d——动压强，Pa；

　　　ρ——流体的密度，kg/m³；

　　　v——平均流速，m/s。

（3）总压强：静压强＋动压强＝总压强。

当挡板垂直于流体运动方向，它受的压力就是总压强；当板平行于流体运动方向，它受的压强为静压强；当板与流体运动方向成一定角度，它受的压强等于静压强＋部分动压强。动压强无法直接测量，但静压强可以被测到，因此可用总压强与静压强相减得到动压强。

4. 毕托管。

毕托管是法国人毕托（H·Pitot）于1732年发明，是一种通过测量静压差值来计算流速的仪器，如图5-32所示。毕托管是一根90°弯曲的细管，下端水平并与管嘴中心位置平齐，上端竖直并与大气相通。毕托管具有结构简单、使用方便、测量精度高、稳定性能好等优点，其测量范围液体为0.2～2m/s，气体为1～60m/s。

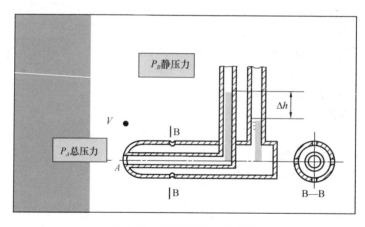

图 5-32　毕托管测速示意图

5. 毕托管修正因素。

若 P_A 表示总压力，P_B 表示静压力。p_A，p_B 分别表示总压强和静压强。测压管的液面高度差为 Δh，若液体的重度为 γ，则该点流体的动压可以表示成：

$$p_A - p_B = \gamma \Delta h$$

且根据公式

$$\gamma = \frac{G}{V} = \frac{mg}{V} = \rho g$$

列沿流线的不可压缩流体伯努利方程式则有

$$0 + \frac{p_B}{\rho g} + \frac{u^2}{2g} = 0 + \frac{p_A}{\rho g} + 0$$

$$u = \sqrt{2g\Delta h}$$

由于毕托管的几何形状及在制造工艺上的误差，使得测出的 $p_A - p_B = \gamma\Delta h$ 并非实际的动压。因为总压严格说应是驻点处的压力，而总压孔占有一定的面积，所以测出的总压是驻点附近的平均总压。另外静压孔附近的流体压力要受到毕托管管口的影响，也很难测准。因此用毕托管测量流速必须校正。通常引入修正因数 c（修正因数用实验方法测定，各毕托管的 c 值不同，但都接近于 1），修正后的关系式如下：

$$u = c\sqrt{2g\Delta h} = k\sqrt{\Delta h}$$

$$k = c\sqrt{2g}$$

式中　u——毕托管测点处的点流速，cm/s；

　　　c——毕托管修正因数，简称毕托管因数；

　　Δh——毕托管全压水头与静压水头之差，cm。

6. 毕托管驻点。

毕托管驻点是毕托管内流速为 0 的点，在该点可测量总压。

7. 孔口、管嘴出流。

在容器侧壁或底壁上开一孔口，容器中的液体自孔口出流到大气中，称为孔口自由出流。如出流到充满液体的空间，则称为淹没出流。若孔口处外接一段长 $l = 3 \sim 4d$（d 为孔口直径）的圆管时，此时的出流称为圆柱形外管嘴出流，外接短管称为管嘴。与孔口出流相类似，管嘴出流也分为自由出流和淹没出流。

（二）实验原理

如上文所述，测点的流速表达为：

$$u = c\sqrt{2g\Delta h} = k\sqrt{\Delta h} \tag{5-17}$$

$$k = c\sqrt{2g} \tag{5-18}$$

对于管嘴淹没出流，管嘴作用水头、流速因数与流速之间又存在着如下关系：

$$u = \varphi'\sqrt{2g\Delta H} \tag{5-19}$$

式中　u——毕托管测点处的点流速，cm/s；

　　　φ'——测点流速系数；

　　ΔH——管嘴的作用水头，cm。

联立公式（5-17）和公式（5-18）得：

$$\varphi' = c\sqrt{\frac{\Delta h}{\Delta H}} \tag{5-20}$$

因此若通过实验测出 Δh 与 ΔH，就能算出该测点的流速系数，可与实际流速系数（经验值 0.995）比较，进行标定。

若需标定毕托管因数 c，则有

$$c = \varphi'\sqrt{\frac{\Delta H}{\Delta h}} \tag{5-21}$$

二、仪器和装置

毕托管实验装置见图 5-33。

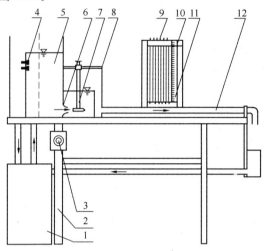

图 5-33　毕托管实验装置图[1-8]

1. 自循环供水箱；2. 实验台；3. 调节阀；4. 水位调节阀；5. 恒压水箱；6. 管嘴；7. 毕托管；
8. 尾水箱与导轨；9. 测压管；10. 测压计；11. 滑动测量尺；12. 上回水管

三、实验测量

1. 熟悉实验装置的构造、各部分的名称及其作用。了解毕托管，掌握其构造特征及实验原理；

2. 用医用塑料管将上、下游水箱的测点分别与测压管中的测管 1 和 2 相连通（测压管详图见图 5-30）。将毕托管对准管嘴，距离管嘴出口处约 2cm，上紧固定；

3. 开启水泵：顺时针打开调速器开关，将流量调节到最大；

4. 待上、下游溢流后，用吸气球放在测压管口部抽吸，排除毕托管及各连通管中的气体，用静水匣罩住毕托管，可检查测压计液面是否齐平，若液面不齐平，可能是空气没有排尽，必须重新排气；

5. 测量并记录有关常数和实验参数，填入表格（表 5-3）；

6. 改变流速：操作调节阀 4 并相应调节调节阀 3，使溢流量适中，共可获得三个不同恒定水位与相应的不同流速。改变流速后，按上述方法重复测量。

四、结果及现象讨论

1. 毕托管修正因数 $c=$　　　　　　　管嘴淹没出流流速系数 $\varphi'=$

2. 实验数据记录及计算结果

表 5-3　实验数据记录及计算表

测次	上下游水位差			毕托管水头差			测点流速 $u=\sqrt{2g\Delta h}$ (cm/s)	测点流速系数 $\varphi'=c\sqrt{\dfrac{\Delta h}{\Delta H}}$
	h_1 (cm)	h_2 (cm)	ΔH (cm)	h_3 (cm)	h_4 (cm)	ΔH (cm)		
1								
2								
3								

五、注意事项

1. 实验前先对毕托管测压管排气；

2. 毕托管排气后切勿拿出水面，以免空气进入毕托管；

3. 移动毕托管时要先松动固定螺丝，再移动；

4. 实验时，毕托管必须对准管嘴中心位置（来流方向）；

5. 每改变流量时，须等测压管水面稳定后再进行测量；

6. 实验结束后，用静水闸罩住毕托管，检查是否进气，若测压计液面不齐平，说明所测数据有误差，应重新充水排气并重新进行测量。

六、习题与思考题

1. 毕托管的动压头 Δh 和管嘴上、下游水位差 ΔH 之间的大小关系怎样？

2. 使用毕托管测压管进行测量前，为什么要排气？

3. 为什么必须将毕托管正对来流方向？如何判断毕托管是否正对流向？

4. 毕托管测出的流速是瞬时流速、时均流速、脉动流速中的哪一种？

参 考 文 献

[1] 毛根海．应用流体力学实验[M]．北京：高等教育出版社，2008．

[2] 俞永辉，张桂兰．流体力学和水力学实验[M]．上海：同济大学出版社，2003

[3] 莫乃榕．工程流体力学实验[M]．武汉：华中科技大学出版社，2008

[4] 宋秋红．力学基础实验指导[M]．上海：同济大学出版社，2011

[5] 曹文华，李春兰，于达．流体力学实验指导书[M]．东营：中国石油大学出版社，2007

[6] 南京工学院．工程流体力学实验[M]．北京：电力工业出版社，1982．

[7] 刘翠容，工程流体力学实验指导与报告[M]．成都：西南交通大学出版社，2011．

[8] 高迅．工程流体力学实验[M]．成都：西南交通大学出版社，2004．

[9] 韩国军，流体力学基础与应用[M]．北京：机械工业出版社，2012

[10] 沈小熊．工程流体力学实验指导[M]．长沙：中南大学出版社，2008

[11] 归柯庭，汪军，王秋颖．工程流体力学[M]．北京：科学出版社，2003

[12] 奚斌等．水力学(工程流体力学)实验教程[M]．北京：中国水利水电出版社，2013．

[13] 杨斌，李鲤．工程流体力学实验指导[M]．北京：中国石化出版社，2014．

[14] 吕玉坤，叶学民等．流体力学及泵与风机实验指导书[M]．北京：中国电力出版社，2008．

[15] 时连君，陈庆光．流体力学实验教程[M]．北京：中国电力出版社，2014．

[16] 高永卫，孟宣市．实验流体力学基础[M]．西安：西北工业大学出版社，2011．

[17] 吴凤林．力学实验(基础和流体力学部分)[M]．北京：北京大学出版社，1986．

[18] 颜大椿．实验流体力学[M]．北京：高等教育出版社，1992．

第六章　流体力学综合性实验

第一节　恒定流综合性实验

实验一　虹吸原理实验

一、基本原理

通过本实验使学生理解虹吸管、弯管流量计、虹吸破坏阀的工作原理；观察虹吸过程，了解虹吸的成因和破坏，以及在管中的压强分布；通过测量虹吸管真空度，使学生加深 2 寸真空度沿程变化规律的认识；通过实验学生定性分析虹吸管流动的能量转化特性。

（一）基本概念

1. 虹吸管

高处的水经上拱（下拱）管道自流引向低处，这种引水管道称为虹吸管（倒虹吸管）。

2. 弯管流量计

利用弯管处流体的惯性原理产生差压以测量计算流量的装置。急变流过水断面上由于离心惯性力的作用，不同的点上动水压强不符合静水压强分布，即测压管水头不相等，由其测压管水头差可以测出通过管道的流量，这就是弯管流量计的工作原理。弯管流量计在热力、热电、冶金、石化行业的蒸汽、煤气、天然气、冷热水、油、空气等介质测量中应用广泛。弯管式流量计如图 6-1 所示

3. 虹吸破坏阀

虹吸破坏阀是一种安全阀，安装在虹吸式输水管道的制高点上，它在虹吸式出水管起快速闸门的作用。

图 6-1　弯管式流量计示意图

（二）实验原理

水流运动过程中位能、压能和动能之间的相互转化由恒定总流的能量方程表示：

$$Z_1 + \frac{p_1}{\gamma} + \frac{v_1^2}{2g} = Z_2 + \frac{p_2}{\gamma} + \frac{v_2^2}{2g} + h_{L1-2} \tag{6-1}$$

式中　Z_1，Z_2——选定 1、2 渐变流断面上任一点相对于选定基准面的高程；

　　　p_1，p_2——相应断面同一选定点的压强，同时用相对压强或同时用绝对压强；

　　　v_1，v_2——相应断面的平均流速；

　　　h_{L1-2}——1、2 两断面间的平均单位水头损失。

通过式（6-1）可以知道水流在运动过程中其位能、压能、动能之间可相互转化，这种

转化必须满足能量守恒定律。通过虹吸管中的水流运动，可以观察到各种能量之间的相互转换。

二、仪器和装置

自循环虹吸原理实验装置见图6-2。

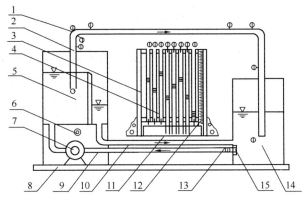

图 6-2　自循环虹吸原理实验装置

1. 测点；2. 虹吸管；3. 测压计；4. 测压管；5. 高位水箱；6. 调速器；7. 水泵；8. 底座；9. 吸水管；10. 溢水管；11. 测压计水箱；12. 滑尺；13. 抽气嘴；14. 低位水箱；15. 流量调节阀

三、实验演示

1. 接通电源，打开开关，启动水泵，调大流量，虹吸管中的气体会自动被抽除，若排气不畅，只要开关水泵几次即可排净。

2. 排除测压点与测压管的连通管中的气体，可用吸气球在测压管管口处，用挤压法或抽吸法排气。

3. 通过观测测压计上各测压管水位，可以知道测压管沿程变化、真空度沿程变化和各种能量相互转化的情况。

4. 虹吸管的启动：虹吸管在启用前由于有空气，水不能连续工作，因此须把虹吸管中的空气抽除。

5. 急变流过水断面上的测压管水头变化：均匀流过水断面上动水压强按静水压强分布，急变流过水断面上，质量力除重力外，还存在离心惯性力的作用。弯管急变流过水断面上内外侧测点，其相应测管上有明显高差，且流量越大，高差越大。

6. 弯管流量计工作原理：利用弯管急变流过水断面上内外侧压强差随流量变化极为敏感的特性，实验时测得弯管断面上内外侧测压管水头差 Δh 值，由率定过的 $Q-\Delta h$ 曲线可查到流量

7. 实验完毕，关上开关，切断电源。

四、注意事项

虹吸管在启用前由于管内有空气，不能连续工作，启动时必须把虹吸管中的空气抽除。

五、习题与思考题

1. 为什么水流能沿着虹吸管自低处流向管顶高处？

2. 虹吸管最大安装高程的压力控制点在哪里？

3. 理论上虹吸管的最大真空度为多大？实际上虹吸管的最大安装高程不得超过多大？

为什么?

实验二　伯努利方程实验

一、基本原理

（一）基本概念

1. 恒定流动与非恒定流动

流动因素如流速等物理量的空间分布与时间有关的流动称为非恒定流动。室内空气在打开窗门和关闭窗门瞬间的流动就是非恒定流动。当流场中各点流速不随时间变化，由流速决定的压强、黏性力和惯性力也不随时间变化，这种流动称为恒定流动。管道在开闭时所产生的压力波动，都是非恒定流动，若通过描述物理量在空间分布的方法，即欧拉法来进行表述，流速 u 在各坐标轴上的投影 u_x，u_y，u_z 可以表示为 x，y，z，t 四个变量的函数。即

$$u_x = u_x(x, y, z, t)$$
$$u_y = u_y(x, y, z, t)$$
$$u_z = u_z(x, y, z, t)$$

在恒定流动中，变量中不出现时间 t。

$$u_x = u_x(x, y, z)$$
$$u_y = u_y(x, y, z)$$
$$u_z = u_z(x, y, z)$$

2. 元流、总流和流量

（1）元流：在流场内取任意非流线的封闭曲线 l，经此曲线上全部点作流线，这些流线成管状流面，称为流管。流管以内的流体，称为流束。垂直于流束的断面，称为流束的过流断面。当流束的过流断面无限小时，这根流束称为元流。元流断面为无限小，断面上流速和压强就可认为是均匀分布，任一点的流速和压强代表了全部断面的相应值。若将元流的概念推广到实际流场中，需要利用流场本身的性质。

（2）叫流：例如对于输送流体的管道运动，由于流场具有长形流动的几何形态，整个流动可以看作无数元流相加，这样的流动总体称为总流。处处垂直于总流中全部流线的断面，是总流的过流断面。总流过流断面上的流速一般是不相等的，中间点的流速大，边沿流较低。

（3）流量：假定过流断面平均流速分布如图 6-3 所示，在断面上取元面积 dA，u 为 dA 上的流速，因为断面 A 为过流断面，u 方向为 dA 的法向，则 dA 断面上全部质点单位时间的位移将为 u。而流入的体积为 udA。若以 dQ 表示则有：

$$dQ = udA \tag{6-2}$$

则在单位时间流过全部断面 A 的流体体积 Q 是 dQ 在全部断面上的积分：

$$Q = \int_A u\, dA \tag{6-3}$$

称为该断面的流量。流量是一个重要的物理量，它具有普遍的实际意义，通风就是输送一定流量的空气到被通风地区。

3. 平均流速

根据流量，定义断面的平均流速为：

$$v = \frac{Q}{A} = \frac{\int_A u\,dA}{A} \tag{6-4}$$

若用平均流速代替实际流速，则流动问题就简化为断面平均流速如何沿流向变化问题。

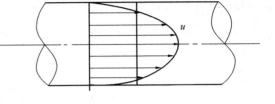

图 6-3 断面平均流速示意图

4. 连续性方程

流体作恒定流动时，流管中各横截面的质量流量相等，即质量流量守恒。

$$\rho S v = c \tag{6-5}$$

式中 ρ——流体的密度；

S——管的横截面积；

v——流体的平均流速；

c——常数。

理想流体作定常流动时，流管中各横截面的体积流量相等，即体积流量守恒。

$$Sv = c$$

连续性方程是运动学方程，它只给出了沿一元流长度上，断面流速的变化规律，没有涉及流体的受力性质。

5. 伯努利方程

伯努利方程可称为理想不可压缩流体恒定流元流能量方程。

$$p + \frac{1}{2}\rho u^2 + \rho g h = c \tag{6-6}$$

式中 $\frac{1}{2}\rho u^2$——单位体积流体的动能（动压强）；

$\rho g h$——单位体积流体的重力势能（静压强）；

p——单位体积流体的压强能（静压强）；

c——常数。

6. 过流断面

过流断面是与元流或总流所有流线正交的横断面。过流断面不一定是平面，只有当流线相互平行时，过流断面才为平面，否则为曲面。

7. 均匀流

如果流动过程各运动要素不随坐标位置（流程）而变化，这种流动称为均匀流。

均匀流的特性：

（1）均匀流的流线彼此是平行的直线，其过流断面为平面，且过流断面的形状和尺寸沿程不变。

（2）均匀流中，同一流线上不同点的流速应相等，从而各过流断面上的流速分布相同，断面平均流速相等，即流速沿程不变。

（3）均匀流过流断面上的动水压强分布规律与静水压强分布规律相同，即在同一过流断面上各点测压管水头为一常数。在均匀流中，质量力、表面力和内摩擦力（黏性力）实现了平衡。内摩擦力（黏性力）对于垂直于流速方向的过流断面上的压强变化不起作用，过流断面上仅仅考虑质量力和表面力的平衡。

8. 渐变流

许多流动情况虽然不是严格的均匀流，但接近于均匀流，渐变流流线接近于平行直线，这些平行直线虽不互相平行却几乎接近平行直线，其也可以称作缓变流。过流断面近似于平面，过流断面上流体动压强符合静水压强的分布规律。

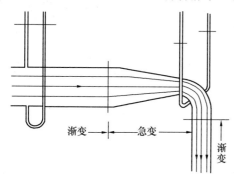

图 6-4　渐变流与急变流示意图

9. 急变流

急变流是指流动沿程急剧改变的非均匀流动，急变流是渐变流的对立概念，这两者之间没有明显的分界。流体在弯管中的流动，流线呈现显著的弯曲，是典型的流速方向变化的急变流问题，如图 6-4 所示。

10. 恒定总流能量方程式

根据上文的元流能量方程式，可以进一步推广到总流。总流可以看作无数元流之和，总流的能量方程就应当是元流能量方程在两过流断面和范围内的积分，具体推导见第六章第三节。

（二）实验原理

该实验由流量测量实验和伯努利能量方程实验组成。

1. 流量测量实验

流量测量采用直接测量法：

（1）质量法测流量

设 T 段时间内流入水箱内的液体质量为 G，比值 G/T 就是单位时间液体的质量流量。

（2）体积法测流量

设时间 T 内液体流入准确标定过的水箱（量桶，容积为 V），比值 V/T 就是单位时间液体的体积流量。

对于小流量液体测量，这两种方法具有较高的精度。实验时用秒表计时，为保证精度要求，计时大于 15～20s。流体的质量可用电子秤称重，对于较小的流量可用量筒测量流体体积。

2. 伯努利能量方程实验

在实验管路中沿管内水流方向取 n 个过水断面，当理想不可压缩性流体在重力场中沿管道作恒定流动时，流体流动遵循伯努利能量方程式：

$$p + \frac{1}{2}\rho u^2 + \rho gh = 常量$$

或者

$$Z + \frac{p}{\gamma} + \frac{u^2}{2g} = 常量$$

实际上，流体都具有黏性，这使得流体在流动过程中有能量损失。对于实际的黏性流体，伯努利能量方程式可以表示为：

$$Z_1 + \frac{p_1}{\gamma} + \frac{u_1^2}{2g} = Z_2 + \frac{p_2}{\gamma} + \frac{u_2^2}{2g} + h_w \tag{6-7}$$

式中

$$h_w = h_f + h_m \tag{6-8}$$

式中　h_w——单位质量流体的沿程损失 h_f 和局部能量损失 h_m 之和。

二、主要仪器

伯努利方程综合实验装置如图 6-5 所示：

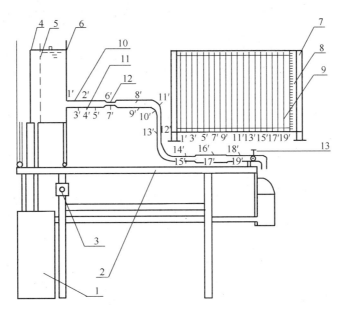

图 6-5　伯努利方程综合实验装置

1. 自循环供水器；2. 实验台；3. 可控硅无级调速器；4. 溢流板；5. 稳水孔板；6. 恒压水箱；7. 测压计；
8. 滑动测量尺；9. 测压管；10. 实验管道；11. 测压点；12. 毕托管；13. 实验流量调节阀；
$1'\sim19'$. 测点及测压管接口

三、实验内容及操作步骤

（一）定性分析实验

1. 验证同一静止液体的测压管水头线是否是一条水平线

阀门全关，稳定后实验显示各测压管的液面连线是一根水平线。而这时的滑尺读数值就是水体在流动前所具有的总水头。

2. 观察不同流速下某一断面上水力要素变化规律

以测点 $8'$、$9'$ 所在断面为例，测管 $9'$ 的液面读数为该断面的测压管水头。测管 $8'$ 连通毕托管，显示测点的总水头。实验表明，流速越大，水头损失越大，水流流到该断面时的总水头越小，断面上的势能亦越小。

3. 验证均匀流断面上动水压强按静水压强规律分布

观察测点 $2'$ 和 $3'$，尽管位置高度不同，但其测压管的液面高度相同，表明在同一断面上 $Z + \dfrac{p}{\gamma}$ 为常数。

4. 观察沿流程总能呈坡线的变化规律

加大实验装置开度，使接近最大流量，稳定后观察各测管水位，可见各测管的液面沿流程是逐渐降低而没有升高的，表明总能量沿流程只会减少，不会增加，能量损失是不可逆转的。

5. 观察测压管水头线的变化规律

总变化规律：观察各测压点的测压管水位，可见沿流程有升也有降，表明测压管水头线沿流程有可能上升也有可能下降。

沿程水头损失：从实验中可看出沿程水头损失的变化规律；等径管道上，距离相等，沿程水头损失相同。

6. 利用测压管水头线判断管道沿程压力分布

测压管水头线高于管轴线，表明该处管道处于正压之下；测压管水头线低于管轴线，表明该处管道处于负压下，为真空。

（二）定量分析实验——伯努利方程验证与测压管水头线测量分析实验

实验方法与步骤：在恒定流条件下改变流量两次，其中一次阀门开度大到使 19' 号测压管液面接近可读数范围的最低点，待流量稳定后，测记各测压管液面读数，同时测记实际流量。

（三）设计性实验——改变水箱中的液位高度对喉管真空度影响的实验研究。

为避免引水管的局部负压，可采取的技术措施有：

（1）减小流量；

（2）增大喉管管径；

（3）降低相应管线的安装高程；

（4）改变水箱中的液位高度。

现在分析后两项措施。

对于措施（3），以本实验装置为例，可在水箱出口先接一下垂 90°弯管，后接水平段，将喉管的高程降至基准高程 0—0，使位能降低，压能增大，从而可能避免点 7' 处的真空。该项措施常用于实际工程的管轴设计中。

对于措施（4），不同供水系统调压效果是不同的，需作具体分析。可通过理论分析与实验研究相结合的方法，确定改变作用水头（如抬高或降低水箱的水位）对管中某断面压强的影响情况。本设计性实验要求利用该实验装置，设计改变水箱中的液位高度对喉管真空度影响的实验方案并进行自主实验。

四、结果与计算

（一）记录有关信息及实验常数

实验设备名称：

实验台号：

实验者：

实验日期：

均匀段 d_1（   ）cm；

喉管段 d_2（   ）cm；

扩管段 d_3（   ）cm。

水箱液面高程 h（   ）cm，上管道轴线高程（   ）cm。

（基准面选在标尺的零点上）

（二）实验数据记录及计算结果（表 6-1～表 6-4）

表 6-1　管径记录表

测点 编号	1	2 3	4	5	8 9	10 11	12 13	14 15	16 17	18 19
管径 d（cm）										
两点间距 l（cm）	4	4	6	6	13.5	6	10	29.5	16	16

表 6-2　测压管水头 h_i，测流量体积 V 和时间 t 的记录表

实验 次数	h_2	h_3	h_4	h_5	h_7	h_9	h_{10}	h_{11}	h_{13}	h_{15}	h_{17}	h_{19}	V $10^{-6}\,\mathrm{m^3}$	t（s）
1														
2														

表 6-3　计算数值表（流速水头）

管径 d （m）	$q_{V1}=V_1/t_1$（$10^{-6}\,\mathrm{m^3/s}$）			$q_{V2}=V_2/t_2$（$10^{-6}\,\mathrm{m^3/s}$）		
	A （$10^{-4}\,\mathrm{m^2}$）	v （$10^{-2}\,\mathrm{m/s}$）	$v^2/2g$ （$10^{-2}\,\mathrm{m}$）	A （$10^{-4}\,\mathrm{m^2}$）	v （$10^{-2}\,\mathrm{m/s}$）	$v^2/2g$ （$10^{-2}\,\mathrm{m}$）
1						
2						

表 6-4　表 6-3 计算数值表（总水头）

实验次数	H_2	H_4	H_5	H_7	H_9	H_{13}	H_{15}	H_{17}	H_{19}	q_V $10^{-6}\,\mathrm{m^3/s}$
1										
2										

五、习题与思考题

1. 为什么稳压水箱中要保持水始终溢流？

2. 测压管测量是绝对压力还是表压力？为什么要排除测压管及传压管内的空气？怎样排除？用什么方法来判断是否排除干净？为什么？

3. 当出口阀门 1 和 2 全关时，各测压管中水面为什么与稳压水箱中的水面能在同一高度上？这个高度表示的是什么水头？

4. 测压管水头线和总水头线的变化趋势有何不同？为什么？

第二节　动量方程综合型实验

实验一　雷　诺　实　验

学生通过本实验可观察层流、湍流的流态及其转换过程；可测定临界雷诺数，掌握圆管流态判别方法；并学习应用量纲分析法进行实验研究的方法，确定非圆管流的流态判别准数。

一、基本原理

（一）基本概念

1. 层流：层流是流体的一种流动状态，其作层状的流动。流体在管内低速流动时呈现为层流，其质点沿着与管轴平行的方向作平滑直线运动。流体的流速在管中心处最大，其近壁处最小。管内流体的平均流速与最大流速之比等于 0.5。

2. 紊流：流体质点除了沿着管道向前流动外，各质点的运动速度在大小和方向上有时发生变化，于是质点间彼此碰撞并互相混合，此种流动状态为紊流。

3. 雷诺数：一种可用来表征流体流动情况的无量纲数。

根据不同的流体和不同的管径所获得实验结果表明：影响流动状态的因素，除了流体的流速 u 外，还有管径 d，流体密度 ρ 和流体的黏度（运动黏度 υ，或者动力黏度 μ）。u、d、ρ 越大，黏度越小，就越容易从层流转变为湍流，上述四个因素所组成的复合群数称为雷诺数，表示为

$$Re = \frac{\nu d}{\upsilon} \tag{6-9}$$

或者

$$Re = \frac{\nu d}{\upsilon} = \frac{4Q}{\pi d\upsilon} = KQ \quad K = \frac{4}{\pi \upsilon d}$$

K 称之为计算常数。

或者

$$Re = \frac{\rho u d}{\mu} \tag{6-10}$$

式中　ν——流体的平均速度，m/s；

　　　υ——流体运动黏度，m²/s；

　　　μ——流体的动力黏度 N·s/m² 或 Pa·s；

　　　d——圆管直径，m；

　　　Q——圆管内过流流量，m³/s。

（二）实验原理

实际流体的流动会呈现出两种不同的形态：层流和紊流。它们的区别在于流动过程中流体层之间是否发生混掺现象。在紊流流动中存在随机变化的脉动量，而在层流流动中则没有。1883 年，雷诺（Osborne Reynolds）采用类似图 6-5 的实验装置，观察到这两种状态。当流速较小时，会出现分层有规则的流动状态即层流。当流速增大到一定程度时，流体质点

的运动轨迹是极不规则的，各部分流体互相剧烈掺混，就是紊流。反之，实验时的流速由大变小，则上述观察到的流动现象以相反程序重演。雷诺实验还发现存在着湍流转变为层流的临界流速 u_c，u_c 与流体的运动黏度 ν、圆管的直径 d 有关。若要判别流态，就要确定各种情况下的 u_c 值，需要对这些相关因素的不同量值作出排列组合再分别进行实验研究，工作量巨大。雷诺实验的贡献不仅在于发现了两种流态，还在于运用量纲分析原理，得出了量纲为1的判据——雷诺数 Re，使问题得以简化。

量纲分析如下：

因

$$u_c = f(\nu, d)$$

根据量纲分析法有：

$$u_c = k_c \upsilon^{\alpha_1} d^{\alpha_2}$$

其中 k_c 是量纲为 1 的数。写成量纲关系为

$$[LT^{-1}] = [L^2 T^{-1}]^{\alpha_1} [L]^{\alpha_2}$$

由量纲和谐原理，得 $\alpha_1 = 1$，$\alpha_2 = -1$。

即

$$u_c = k_c \frac{\nu}{d} \quad 或 \quad k_c = u_c \frac{d}{\nu}$$

雷诺实验完成了管流的流态从湍流过渡到层流时的临界值 k_c 值的测定，以及是否为常数的验证，结果表明 k_c 值为常数。于是，量纲为 1 的数 $k_c = u_c \dfrac{d}{\nu}$ 便成了适合于任何管径、任何牛顿流体的流态由湍流转变为层流的判据。由于雷诺的贡献，$k_c = u_c \dfrac{d}{\nu}$ 命名为雷诺数，于是有：

$$Re = \frac{\nu d}{\upsilon} \ 或 Re = \frac{\rho u d}{\mu}$$

由于紊流转变为层流的临界流速 u_c 小于由层流转变为紊流的临界流速 u'_c。称 u'_c 为上临界流速，u_c 为下临界流速。同理，当流量由大逐渐变小，流态从湍流变为层流，对应一个下临界雷诺数 Re_c，当流量由 0 逐渐增大，流态从层流变为湍流，对应一个上临界雷诺数 Re'_c。上临界雷诺数易受外界干扰，数值不稳定，而下临界雷诺数值比较稳定，因此一般以下临界雷诺数作为判别流态的标准。雷诺得出圆管流动的下临界雷诺数 Re_c 值为 2300，工程上一般取 2000，如式（6-11）所示：

$$Re_c = \frac{u_c d}{\nu} = 2000 \tag{6-11}$$

工程上流态的判别条件是：

层流：　　　　$Re < 2000$

紊流：　　　　$Re > 2000$

在本实验中利用体积法（质量法）测量流体的流量，通过管径计算流体的平均流速。通过测量流体的水温，利用公式：

$$\nu = \frac{0.01775}{(1 + 0.0337t + 0.000221t^2)} \tag{6-12}$$

计算流体的运动黏度。

二、仪器和装置

雷诺实验装置如图 6-6 所示。

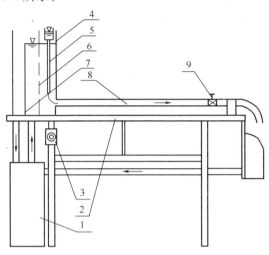

图 6-6　雷诺实验装置图

1. 自循环供水箱；2. 实验台；3. 可控硅无级调速器；4. 恒压水箱；5. 有色水水管；6. 稳水孔板；

7. 溢流板；8. 实验管道；9. 实验流量调节阀

三、实验步骤及测量

（一）实验前准备工作

在实验开始前，实验台的各个阀门处于关闭状态。开启水泵，全开上水阀门，使水箱注满水，再调节上水阀门，使水箱的水位保持不变，并有少量流体溢流。用温度计测量水温，并用电子秤测量空杯的质量 m_k，并作记录。

（二）观察流态

全开出水阀门，待水流稳定后，打开颜料水控制阀，使颜料水从注入针流出，颜料水和雷诺实验管中的水迅速混合成均匀的淡颜色水，这时雷诺实验管中的流动状态为紊流。随着出水阀门的不断关小，颜料水和雷诺实验管中的水掺混程度逐渐减弱，直至颜料水在雷诺实验管中形成一条清晰的直线流，这时雷诺实验管中的流动状态为层流。

（三）测定下临界雷诺数

1. 当流量调节到使颜色水在全管刚呈现出一稳定直线时，即为下临界状态；

2. 待管中出现下临界状态，用体积法（质量法）测定流量；

3. 根据所测流量计算下临界雷诺数，并与公认值（2300）比较，偏离过大，需重测；

4. 重新打开调节阀，使之形成完全紊流，按照上述步骤重复测量不少于三次；

5. 同时用水箱中的温度计测记水温，从而求得水的运动黏度。

（四）测定上临界雷诺数

逐渐开启调节阀，使管中水流由层流过渡到紊流，当颜色水直线刚开始散开时，即为上临界状态，测定上临界雷诺数 1～2 次。

（五）观察层流状态下的流速分布

关闭出水阀门，用手挤压颜料水开关的胶管两到三下，使颜色水在一小段时间内扩散到整个断面。然后，再微微打开出水阀门，使管内呈现层流流动状态，即可观察到水在层流流动时呈现抛物线状，演示出管内水流流速分布。

四、结果及现象讨论

（一）记录、计算有关常数

管径 $d = ($　　　　$)$ cm，水温 $t = ($　　　　$)$ ℃；

运动黏度 $\upsilon = \dfrac{0.01775}{(1 + 0.0337t + 0.000221t^2)} = ($　　　　$)$ cm^2/s；

（二）层流转变为湍流实验数据记录表

次数 （层流＞湍流）	盛水时间 （s）	总质量 （kg）	流体质量 （kg）	质量流量 （kg/s）	流速 （m/s）	雷诺数
1						
2						
3						
上临界雷诺数 平均值						

（三）湍流转变为层流实验数据记录表

次数 （湍流＞层流）	盛水时间 （s）	总质量 （kg）	流体质量 （kg）	质量流量 （kg/s）	流速 （m/s）	雷诺数
1						
2						
3						
下临界雷诺数 数平均值						

五、注意事项

1. 每调节阀门一次，均需等待几分钟，待流体稳定；

2. 关小阀门过程中，只许减小，不许开大；

3. 随出水流量减小，应适当调小进水开关，以减小溢流量引发的扰动。

六、习题与思考题

1. 用质量测流量的理论公式是什么？

2. 为何认为上临界雷诺数无实际意义，而采用下临界雷诺数作为层流与紊流的判据？

实验二　动量方程实验

一、基本原理

（一）基本概念

1. 恒定流动量方程

恒定流动量方程主要用于研究作用力，特别是流体与固体之间的总作用力，其适用范围不仅限于理想流体，实际流体动量方程也能适用。在固体力学中，物体质量 m 和速度 u 的乘积称为物体的动量。作用于物体的所有外力的合力 ΣF 和作用时间 $\mathrm{d}t$ 的乘积称为冲量。动量定律指出，作用于物体的冲量，等于物体动量的增量，可以表示成：

$$\Sigma \vec{F} \mathrm{d}t = \mathrm{d}(\vec{mu})$$

动量定律是向量方程，为强调用符号→表示向量。

将此方程用于一元流动，所考察的物质系统取某时刻两断面间的流体，如图 6-7 所示。用平均流速的流动模型，则动量增量为：

$$\mathrm{d}(\vec{mu}) = \rho_2 A_2 u_2 \cdot \mathrm{d}t \cdot \vec{u_2} - \rho_1 A_1 u_1 \cdot \mathrm{d}t \cdot \vec{u_1}$$
$$= \rho_2 Q_2 \mathrm{d}t \vec{u_2} - \rho_1 Q_1 \mathrm{d}t \vec{u_1}$$

由动量定理得：

$$\Sigma \vec{F} \mathrm{d}t = \mathrm{d}(\vec{mu}) = \rho_2 Q_2 \mathrm{d}t \vec{u_2} - \rho_1 Q_1 \mathrm{d}t \vec{u_1}$$
$$\Sigma \vec{F} = \mathrm{d}(\vec{mu}) = \rho_2 Q_2 \vec{u_2} - \rho_1 Q_1 \vec{u_1}$$

该方程是按照断面各点的流速均等于平均流速 v 进行假设的，实际流速的不均匀分布使上式存在计算误差，因此可用动量修正系数 β 来修正。β 的定义为实际动量和按照平均流速计算的动量的比值，即

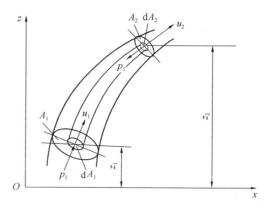

图 6-7　恒定流动量方程推导示意图

$$\beta = \frac{\int_A u^2 \mathrm{d}A}{A v^2}$$

恒定流的动量方程可以表示成：

$$\Sigma \vec{F} = \rho Q (\beta_2 \vec{v_2} - \beta_1 \vec{v_1})$$

2. 流体的动量与动能的区别：

流体的动量与动能主要有以下区别：

（1）表达式不同；

（2）动能是标量，动量是矢量；

（3）力对物体做功等于物体动能的增量，在考虑能量变化时用动能；力对物体的冲量等于物体动量的增量，在计算物体之间的相互作用力时用动量；

（4）动能守恒的条件是没有向其他形式的能量转化，动量守恒的条件是受到的合外力为 0。

（二）实验原理

恒定流的动量方程：

$$\Sigma \vec{F} = \rho Q (\beta_2 \vec{v_2} - \beta_1 \vec{v_1})$$

其中：

$$\beta = \frac{\int_A u^2 \,\mathrm{d}A}{A v^2}$$

式中，β 为动量修正系数，流体的不均匀性越大，β 数值越大，一般取值 $1.05 \sim 1.02$，常用经验值 1.0。

对于恒定流动，所取流体段的动量在单位时间内的变化，等于单位时间内流出该流段所占空间的流体动量与流进的流体动量之差；动量的变化率等于流段受到的表面力与质量力之和，即外力之和。该方程的应用条件是：恒定流、过流断面为渐变流断面，流体为不可压缩流体。

二、主要仪器

（一）恒定流动量方程实验装置 1（图 6-8）

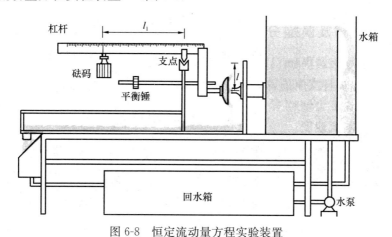

图 6-8　恒定流动量方程实验装置
1. 杠杆；2. 砝码；3. 支点；4. 平衡锤；5. 水箱；6. 水泵；7. 回水箱

水流从设在水箱下部的管嘴中射出，冲击一个轴对称曲面挡板，挡板将射流冲击力传递给杠杆，移动砝码到某一位置，可使杠杆保持平衡。本实验用杠杆平衡原理测量射流的冲击力，另外需用流体力学的动量方程计算射流对挡板的作用力，并比较这两个冲击力的大小，以便进行误差分析。设砝码的质量为 G，作用力臂为 l_1，射流的作用力为 F，作用力臂为 l。当杠杆平衡时，有

$$F = G \frac{l_1}{l}$$

射流的作用力也可以由动量方程算出，图 6-9 是计算用图，设射流的偏转角度为 θ（即入射速度矢量转到出流速度矢量所旋转的角度），射流的流量为 Q，入射速度为 u，则有

$$F = \rho Q u (1 - \cos\theta)$$

本实验的射流偏角有 $90°$、$135°$ 和 $180°$ 三种。

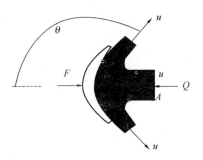

图 6-9　射流作用力计算图

（二）实验装置 2

恒定流动量定律实验装置如图 6-10 所示。

三、实验内容及操作步骤

（一）实验装置 1 步骤

1. 实验前，调节平衡锤的位置，使杠杆处于水平状态；

2. 开启水泵，向水箱充水，调节溢流挡板泄孔的开启程度，使水箱的水位保持在某一高度位置；

3. 打开出流孔口，使水流冲击挡板；

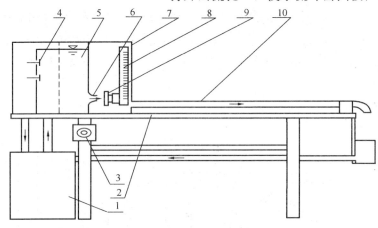

图 6-10　动量定律实验装置图

1. 自循环供水器；2. 实验台；3. 可控硅无级调速器；4. 水位调节阀；5. 恒压水箱；6. 管嘴；

7. 集水箱；8. 带活塞的测压管；9. 带活塞和翼片的抗冲平板；10. 上回水管

4. 移动砝码至适宜的位置，使杠杆保持水平，记录数据；

5. 改变水位，重复以上测量。也可以更换另一种偏转角的挡板，并进行相应的测量；

6. 实验结束后，关闭水泵，取下砝码，排空水箱。

（二）实验装置 2 步骤

1. 熟悉实验装置各部分的名称、结构特征和作用性能，记录有关常数；

2. 实验开始前先调整测压管位置，要求测压管垂直，螺丝对准十字中心，使活塞转动松快，然后旋转螺丝固定好；

3. 打开电源，开启调速器开关，调整上水流量，使水泵正常运行，水箱充水，保持恒定水箱溢流状态，使水位稳定；

4. 在恒定水箱溢流状态下，当恒定水箱的水位及测压管内液面稳定后，测读水位，记录测压管内液面的标尺读数，即 h_c 值；

5. 用体积法测量流量，使用量筒容器和秒表进行测量，测量流量的时间尽量长些（亦可用质量法测量）；

6. 改变水头高度，重复试验，逐次打开不同高度上的溢水孔盖，改变管嘴的作用水头。待水头稳定后，按以上步骤重复进行 3 次实验。

四、结果与计算

（一）实验装置1

动量定理实验数据表

测次	流量 m (L/s)	冲击板 角度 (°)	砝码力臂 (11cm)	冲击力实测值 (N)	冲击力计算值 (N)	误差 (%)

（二）实验装置2

1. 记录有关常数

实验台号：

管嘴内径 $d=$　　　cm，活塞直径 $D=$　　　cm

2. 实验数据表格

测次	体积 V (cm^3)	时间 t (s)	管嘴作用水头 H_0 (cm)	活塞 作用水头 h_1 (cm)	流量 Q ($cm^3 \cdot s^{-1}$)	平均流速 v ($cm \cdot s^{-1}$)	动量 F (N·s)	动量修正系数 β_1
1								
2								
3								

五、注意事项

（一）实验装置1

冲击力的实测值与计算值存在一定误差，引起误差的原因有两个，一是杠杆支座存在摩擦力；二是动量方程没有考虑重力对水流的影响，认为射流的反射速度为轴对称分布。在实际情况中，在重力作用下，挡板下部的反射水流速度大于上部的反射水流速度。

（二）实验装置2

1. 顺时针方向打开调速器旋钮；

2. 停止实验时，必须逆时针转动调速器旋钮关掉电源。顺时针转到底也可以使水泵停转，但电流并未切断，不可久置。

六、习题与思考题

1. 实验装置1中如何确定砝码的作用力臂？

2. 实验装置1中的流量是用什么方法调节的？

3. 水在直径为15cm的60°水平弯管中，以6m/s的流速流动。弯管前端的压强为1Pa。如不计水头损失，也不考虑重力作用，求水流对弯管的作用力。

第三节　沿程、局部水头损失实验及管网水力
特性综合分析实验

实验一　沿程水头损失实验

一、基本原理

（一）基本概念

1. 能量损失的表示方法

能量损失一般有两种表示方法，对于液体通常用单位质量流体的能量损失（或称水头损失）h_l 来表示，其因次为长度；对于气体，常用单位体积内的流体的能量损失（或称压强损失）用 p_l 来表示，其因次与压强的因次相同，它们之间的关系是：

$$p_l = \gamma h_l$$

式中　γ——流体的重度（容重），N/m^3。

2. 沿程水头损失和局部水头损失

在工程的设计计算中，根据流体接触的边壁沿程是否有变化，可把能量损失分为两类：沿程水头损失 H_f 和局部水头损失 H_m。在边壁沿程不变的管段上，流动阻力沿程也基本不变，称这类阻力为沿程阻力。在边界急剧变化的区域，阻力主要集中在该区域内及其附近，这种集中分布的阻力称为局部阻力，克服局部阻力的能量损失称为局部损失。

整个管路的能量损失等于各管段的沿程损失和局部损失的总和

$$H_l = \sum H_f + \sum H_m$$

（二）实验原理

根据流体力学理论，理想不可压缩流体沿流线元流的伯努利方程如下：

$$Z + \frac{p}{\gamma} + \frac{u^2}{2g} = 常量 \tag{6-13}$$

方程（6-13）表示沿流线，单位质量流体的位能、压能和动能之和保持常数，即机械能为常数。但是，实际流体总是有黏性的，而且自然界中大部分流体的流动都是湍流运动，因而在流体运动过程中，由于黏性和湍流产生的摩擦力将使机械能变为热能而耗散。所以对于实际流体，沿流线机械能总是减小的。这种机械能的减小通常表现为流体静压的降低。故对于实际流体，沿流线的伯努利方程如下：

$$Z_1 + \frac{p_1}{\gamma} + \frac{u_1^2}{2g} = Z_2 + \frac{p_2}{\gamma} + \frac{u_2^2}{2g} + h_f$$

其中"1"和"2"分别代表流线上取定的两点，h_f 代表单位质量流体从点 1 到点 2，由于克服摩擦力而损失的机械能，即沿程水头损失。

对于管道流动来说，如果沿管道轴线，管断面变化不大，而管道的曲率半径很大时，这种管道流动可以近似地看成一维流动。假定沿管道取两截面 1 和截面 2，其面积分别为 A_1 和 A_2，过两横截面上的任一流线 i 的元流伯努利方程为：

$$Z_{1i} + \frac{p_{1i}}{\gamma} + \frac{u_{1i}^2}{2g} = Z_{2i} + \frac{p_{2i}}{\gamma} + \frac{u_{2i}^2}{2g} + h_{fi} \tag{6-14}$$

其中 u_{1i}，p_{1i}，Z_{1i} 和 u_{2i}，p_{21i}，Z_{21i} 分别代表流线 i 与截面 1 和截面 2 相交点的流速、压力和几何高度。

如果包围流线 i 取一微小流管，令其与横截面 1 和 2 的相交面积元素为 dA_{1i} 和 dA_{2i}，假定此微元素上的速度、压力和几何高度分别可用流线 i 与切面 1、2 相交点的相应值去代表。则对不可压缩流体沿微小流管有连续方程：

$$u_{1i}dA_{1i} = u_{2i}dA_{2i} \tag{6-15}$$

把（6-14）式与（6-15）式相乘，有：

$$\left(Z_{1i} + \frac{p_{1i}}{\gamma} + \frac{u_{1i}^2}{2g}\right)u_{1i}dA_{1i} = \left(Z_{2i} + \frac{p_{2i}}{\gamma} + \frac{u_{2i}^2}{2g} + h_{fi}\right)u_{2i}dA_{2i}$$

公式两侧积分有：

$$\frac{1}{2g}\int_{A1}u_{1i}^3 dA_{1i} + \left(\frac{p_{1a}}{\gamma} + Z_{1a}\right)\int_{A1}u_{1i}dA_{1i} = \frac{1}{2g}\int_{A2}u_{2i}^3 dA_{2i} + \left(\frac{p_{2a}}{\gamma} + Z_{2a}\right)\int_{A2}u_{2i}dA_{2i} + \int_{A2}h_{fi}u_{2i}dA_{2i} \tag{6-16}$$

设

$$\alpha = \frac{\int_{A1}\rho u_{1i}\dfrac{u_{1i}^2}{2}dA_{1i}}{\rho A_1 u_{1a}\dfrac{v_{1a}^2}{2}}$$

即

$$\int_{A1}u_{1i}^3 dA_{1i} = a_1 Q_1 v_{1a}^2 \tag{6-17}$$

类似地对于横截面 2，有

$$\int_{A2}u_{2i}^3 dA_{2i} = a_2 Q_2 v_{2a}^2 \tag{6-18}$$

式中 Q_1，Q_2 分别为流体流过横截面 1、横截面 2 的体积流量，根据连续性方程，它们应相等。系数 a_1 与 a_2 分别表示横截面 1 和横截面 2 上的速度分布的均匀程度。实验指出：对于湍流，a 为 1.1；对于层流，a 为 2。将式（6-17）、式（6-18）代入式（6-16），并消去 Q 后，有

$$Z_{1a} + \frac{p_{1a}}{\gamma} + a_1\frac{v_{1a}^2}{2g} = Z_{2a} + \frac{p_{2a}}{\gamma} + a_2\frac{v_{2a}^2}{2g} + H_f \tag{6-19}$$

其中：

$$H_f = \frac{\int_A h_{fi}u_{2i}dA_{2i}}{Q_2}$$

为单位时间、单位质量流体由横截面 1 到横截面 2 的机械能损失。

方程式（6-19）为实际管道流动的伯努利方程或总流伯努利方程，对于水平的圆管流动有：

$$a_1 = a_2，\quad v_{1a} = v_{2a} = v，\quad Z_{1a} = Z_{2a}$$

略去脚标"a"后，从式（6-19）有

$$H_f = \frac{p_1 - p_2}{\gamma} \tag{6-20}$$

根据流体力学知识，对于不可压缩黏性流体沿圆管的层流流动，其平均流速为：

$$v_a = \frac{p_1 - p_2}{8\mu L}\left(\frac{D}{2}\right)^2 \tag{6-21}$$

其中 D 为圆管直径；L 为横截面 1 至横截面 2 的距离；μ 为流体的黏性系数。

把式（6-20）代入式（6-21）中，得到：

$$H_f = 32 \frac{L}{D} \frac{\mu}{\rho} \frac{1}{v_a D} \frac{v_a^2}{2g} = \lambda \frac{L}{D} \frac{v_a^2}{2g} \qquad (6-22)$$

其中：

$$\lambda = \frac{64}{Re}$$

λ 称为圆管层流流动的沿程损失系数，它是雷诺数 $Re = \dfrac{v_a D}{\nu} \left(Re = \dfrac{uD}{\nu} \right.$ 利用平均流速 v_a 代替点流速 $u \Big)$ 的函数。

实际中，由于管内壁粗糙度不同的影响等原因，阻力损失系数是由实验确定的。由式（6-21）和式（6-22）得到：

$$\lambda = (p_1 - p_2) \frac{D}{L} \frac{2g}{\gamma v_a^2} = (p_1 - p_2) \frac{D}{L} \frac{2g}{\gamma} \frac{A^2}{Q^2} \qquad (6-23)$$

圆管湍流流动的沿程损失系数 λ 不仅与雷诺数有关，而且与圆管的粗糙度有关。因为由于流体的黏性作用，在管壁附近有一层很薄的层流区域，或称层流次层。当层流次层的附面层足够厚时，可以将管壁的粗糙度淹没在层流次层的附面层内，因而对圆管层流流动来说，可以把圆管看成光滑管。如果管流速度很大，层流次层减薄，导致管壁的粗糙度部分地露出层流次层的附面层外面，则粗糙度起阻滞作用，此时圆管必须看成是粗糙管。因而圆管的管壁光滑或粗糙程度是相对于圆管直径和层流次层的厚度而言的。实验中可用下列经验公式判断圆管是光滑或粗糙：

$$Re < 26.98 \left(\frac{D}{\Delta} \right)^{\frac{8}{7}} \text{ 时可看作光滑管；}$$

$$Re > 26.98 \left(\frac{D}{\Delta} \right)^{\frac{8}{7}} \text{ 时可看作粗糙管；}$$

其中 Δ 等于实际管壁平均粗糙度。

二、主要仪器

本实验装置如图 6-11 所示。

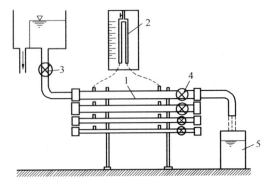

图 6-11　沿程水头损失实验装置

1. 水管；2. 测压管；3. 进水闸门；4. 出水闸门；5. 量水箱

三、实验内容及操作步骤

1. 由于该实验装置为大型多功能实验装置，首先应掌握该装置的结构、部件及实验原理、注意事项，记录有关常数；

2. 学会用测压管测压强和用体积法测流量的原理和步骤；

3. 对照实验装置，了解使用方法和操作步骤，做好准备工作。沿程水头损失部分，分别为粗不锈钢管和细不锈钢管，进行实验时，关闭其他三组实验的下游阀门，按照规定实验步骤分别进行粗细不锈钢管两组沿程实验；

4. 关闭下游出水阀门，检查测压管水面是否处于同一水平面上；

5. 为了确保测量准确，应将实验装置中多余的空气排除；

排气方法：开启水泵，将实验管道的下游阀门打开（不宜开得太大），用测压管上相应的排气管道排气，直到水流稳定、管道内没有气泡为止。然后将下游阀门关闭，通过排气管将适量的空气打入测压排，使测压管液面高度达到适合的位置；

6. 打开电源，再开阀门，逐步调到最大流量，注意比压计中测压管的水头不要超过最大量程，也不要低于最低量程；

7. 观察测压管水头的变化，待流量稳定后，记录测压管压强数据，用体积法测量流量。水流的紊动使比压计的水面有些波动，应记录水面的平均值；

8. 改变几次流量进行多组实验，为便于调节，可先从大流量开始做，先开启下游阀门，使测压管上出现最大压差，待水流恒定后再进行测量，并将数据记录到数据表；

9. 依次减小流量，待水流恒定后，重复上述步骤 5 次以上，并按顺序记录数据；

10. 计算整理实验结果。

四、结果与计算

1. 有关常数

实验台号：

$D=$　　cm，$L=$　　cm，量水箱断面积 $A=$　　　　cm^2

水温 $T=$　　℃，相应的运动黏性系数 $\upsilon=$　　　cm^2/s

2. 数据记录表

测次	比压计读数			体积法测流量			
	h_1 （cm）	h_2 （cm）	沿程水头损失 h_f （cm）	$h_初$ （cm）	$h_末$ （cm）	V （cm^3）	t （s）
1							
2							
3							
4							
5							
6							
7							
8							
9							
10							

3. 数据处理结果

测次	计　算			
	流量 Q （$cm^3 \cdot s^{-1}$）	流速 v （$cm \cdot s^{-1}$）	Re	λ
1				
2				
3				
4				
5				

4. 绘制沿程水头损失 h_f 与平均流速 v 的关系曲线。

5. 绘制沿程阻力系数 λ 与雷诺数 Re 的关系曲线。

五、注意事项

1. 排气正确完成的特征是下游阀门全关时，比压计各个测压管水面处于同一水平面上，否则需要排气调平；

2. 每次改变流量，测量必须在水流恒定后方可进行；

3. 由于装置较大，为了提高测量的精度和效率，每组实验最好由两名同学一起完成，分别负责比压计读数及在量水箱处调节阀门与测量实际流量；

4. 注意爱护秒表等设备；

5. 实验结束后，关闭电源开关，拔掉电源插头，并使实验装置的 4 组并联循环系统的阀门均处于打开状态；

6. 进行细管层流区实验时，应尽量避免开关阀门用力过大导致管道水流发生紊动；

7. 读数时，测压管水头液面可能会有脉动，注意读取平均值。

六、习题与思考题

1. 如将实验管倾斜安装，比压计中的读数差还是不是沿程水头损失 h_f？实验的测量方法相应要有哪些改变？

2. 为了得到管道的沿程水头损失系数 λ，在实验中需要测量沿程水头损失 h_f、管径 D、管段长度 L、流量 Q 等，其中哪一个测量精度对 λ 的影响最大？

3. 为什么压差计的水柱差就是沿程水头损失？实验管道安装成向下倾斜，是否影响实验成果？

4. 有两根直径 D、长度 L 和绝对粗糙度相同的管路，输送不同的液体，当两管道中液体雷诺数 Re 相等时，其沿程水头损失是否相同？

实验二　局部水头损失实验

一、基本原理

（一）基本概念

1. 局部水头损失的成因及能量损失计算公式

局部水头损失是指由局部边界急剧改变导致水流结构改变、流速分布改变并产生旋涡区而引起的水头损失。局部水头损失产生的主要原因是流体经局部阻碍时，因惯性作用，主流与壁面脱离，流体间形成漩涡区，漩涡区流体质点强烈紊动，消耗大量能量；此时漩涡区质点不断被主流带向下游，加剧下游一定范围内主流的紊动，从而加大能量损失；局部阻碍附近流体流动，流速分布不断调整，也将造成能量损失。局部水头损失常用流速水头与局部水头损失系数的乘积表示：

$$H_m = \zeta \frac{v^2}{2g}$$

式中　v——管段的平均流速（一般采用局部阻力区后的流速）（m/s）；

ζ——局部阻力系数；

H_m——局部阻力损失（m）。

2. 局部阻力系数

局部阻力系数 ζ 为无量纲量，其大小取决于流动的几何条件，如过流断面的突然扩大或突然缩小，弯管相对曲率半径的变化，管路上是否安装阀门等，局部水头损失系数值由实验测定。低雷诺数流动的局部水头损失系数不仅与流动几何条件有关，而且与流态即雷诺数值有关。其表达公式为：

$$\zeta = f(Re) \tag{6-24}$$

公式（6-24）可变为：

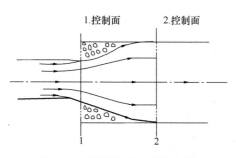

图 6-12　管路突然扩大流态图

$$\zeta = \frac{H_m}{\frac{v^2}{2g}}$$

（二）实验原理

1. 突扩管

用 H_m 表示管流断面突然扩大所产生的局部阻力损失，并把控制面 1-1 与控制面 2-2 取在管断面突然扩大前和突然扩大后管中流态恢复到正常流动截面处，如图 6-12 所示，同时忽略掉截面 1 与截面 2 之间的沿程摩擦损失，则总流的伯努利方程可列为：

$$Z_1 + \frac{p_1}{\gamma} + \frac{\alpha_1 v_1^2}{2g} = Z_2 + \frac{p_2}{\gamma} + \frac{\alpha_2 v_2^2}{2g} + H_m \tag{6-25}$$

由于管线水平则：

$$Z_1 = Z_2$$

于是（6-25）式变为：

$$H_m = \frac{p_1 - p_2}{\gamma} + \frac{\alpha_1 v_1^2 - \alpha_2 v_2^2}{2g} \tag{6-26}$$

为了确定压强与流速的关系，再对 1，2 两断面与管壁所包围的流动空间列动量方程

$$\sum F = \frac{rQ}{g}(\beta_2 v_2 - \beta_1 v_1) \tag{6-27}$$

作用在 1，2 断面上的总压力

$$P_1 = p_1 A_2 , P_2 = p_2 A_2$$

$$\Sigma F = P_1 - P_2 = p_1 A_2 - p_2 A_2 = \frac{rQ}{g}(\beta_2 v_2 - \beta_1 v_1)$$

所以：

$$\frac{p_1 - p_2}{\gamma} = \frac{Q}{A_2 g}(\beta_2 v_2 - \beta_1 v_1)$$

将 $Q = v_2 A_2$ 代入

$$\frac{p_1 - p_2}{\gamma} = \frac{v_2}{g}(\beta_2 v_2 - \beta_1 v_1)$$

代入公式（6-26）得

$$H_m = \frac{v_2}{g}(\beta_2 v_2 - \beta_1 v_1) + \frac{\alpha_1 v_1^2 - \alpha_2 v_2^2}{2g}$$

对于紊流，可取 $\beta_1 = \beta_2 = 1$，$\alpha_1 = \alpha_2 = 1$
可得：

$$H_m = \frac{(v_1 - v_2)^2}{2g}$$

通过上面的推导表明，突扩管的局部水头损失等于以平均流速差计算的流速水头。

若将 $v_2 = v_1 \dfrac{A_1}{A_2}$ 代入可得：

$$H_m = \left(1 - \frac{A_1}{A_2}\right)^2 \frac{v_1^2}{2g}$$

则突然扩大产生的阻力损失系数 ζ 为

$$\zeta_1 = \left(1 - \frac{v_2}{v_1}\right)^2 = \left(1 - \frac{A_1}{A_2}\right)^2$$

或

$$\zeta_2 = \left(\frac{A_2}{A_1} - 1\right)^2$$

突然扩大前后有两个不同的平均流速，因而有两个相应的阻力系数。计算时必须注意使选用的阻力系数与流速水头相适应。当液体从管道流入断面很大的容器中或气体流入大气时，$\dfrac{A_1}{A_2} \approx 0$，$\zeta_1 = 1$，这是突扩管的特殊情况，称为出口阻力系数。

2. 突缩管

突缩管如图 6-13 所示，它的水头损失大部分发生在收缩断面 0—0 后面的流段上，主要是收缩断面附近的漩涡区造成的。突然缩小的阻力系数取决于收缩面积比 $\dfrac{A_{00}}{A_{11}}$。在流体力学中，突缩管的局部损失系数的经验公式为：

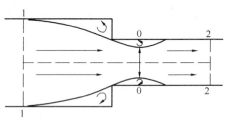

图 6-13　突然收缩

$$\zeta = 0.5\left(1 - \frac{A_{12}}{A_{11}}\right)$$

式中，A_{11}、A_{00} 分别表示管道截面 1-1 和 0-0 的面积。

二、主要仪器

局部水头损失实验装置见图 6-14。

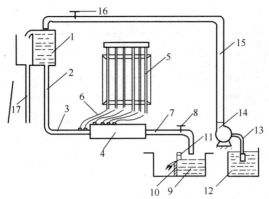

图 6-14　局部水头损失实验装置

1. 贮水箱；2. 水管；3. 水管；4. 粗管；5. 多管压力计；6. 压力导管；7. 细水管；8. 阀门；9. 水箱；
10. 三角堰；11. 测水位器；12. 水箱；13. 吸水管；14. 水泵；15. 送水管；16. 阀门；17. 溢水管

三、实验内容及操作步骤

1. 检查各测压水位是否齐平；

2. 读取堰顶标高（如用浮子流量计，则检查浮子是否灵活）；

3. 打开出水闸门，冲洗 2min，以除积垢；

4. 读每个断面的测压管水位及堰上水位，并查取流量值；

5. 改变流量，按步骤 4 重复四次。

四、结果与计算

1. 有关常数

实验台号：

截面直径 $d_1 =$（　　　）cm，截面直径 $d_2 =$（　　　）cm，量水箱面积 $A =$（　　　　）cm²

实验水温：（　　　）℃

2. 数据记录表 1

测次	$h_初$ （cm）	$h_末$ （cm）	水箱体积 $V = A(h_初 - h_末)$ （cm³）	时间 （s）	$Q_实际$ （cm³·s⁻¹）	$v_1 = \dfrac{4Q}{\pi d_1^2}$ （cm·s⁻¹）	$v_2 = \dfrac{4Q}{\pi d_2^2}$ （cm·s⁻¹）
1							
2							

3. 数据记录表 2

测次	测压管液面高程读数（cm）								
						0	1	2	3	4
1									
2									
3									
4									
5									

4. 实验结果

测次	流速 v_1	流速 v_2	h_j	$\zeta_{实测}$	$\zeta_{理论}$	Re
1						
2						
3						
4						
5						

五、注意事项

1. 改变流量时，注意均匀控制测压管变化幅度；

2. 每次改变流量后，应待水位稳定后方可读数。

六、习题与思考题

1. 试设计一实验，测定经过阀门的局部损失系数，并导出计算公式？

2. 数据表中为什么没有计算雷诺数？

3. 分析突扩管局部水头损失的实测值与理论值有什么不同？原因是什么？

4. 在相同管径、相同流量的条件下，突然扩大的 ζ 值是否一定大于突然缩小的 ζ 值？

第四节　管道流量测量综合实验

实验一　文丘里管流量测量实验

一、基本原理

（一）基本概念

文丘里管：文丘里管如图 6-15 所示，它是由收缩管、喉道和扩散管组成的一个变截面管道，其工作原理就是借助于收缩管，使流体横截面收缩，速度增大，静压下降。根据流体在收缩管进口截面上的压力与出口截面上的压力变化与流量间的关系确定流量。

（二）实验原理

由文丘里流量计结构图（图 6-16）中可见：文丘里流量计分为渐缩管部分、喉管部分和渐扩管部分。

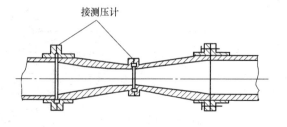

图 6-15　文丘里流量计结构图（一）

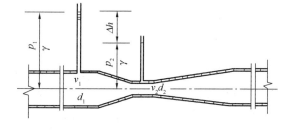

图 6-16　文丘里流量计结构图（二）

根据图 6-16，列伯努利方程得：

$$0 + \frac{p_1}{\gamma} + \frac{v_1^2}{2g} = 0 + \frac{p_2}{\gamma} + \frac{v_2^2}{2g} \tag{6-28}$$

$$\frac{p_1}{\gamma} - \frac{p_2}{\gamma} = \frac{v_2^2}{2g} - \frac{v_1^2}{2g} = \Delta h \tag{6-29}$$

式中 d_1——管道直径（m）；

d_2——喉管直径（m）；

Δh——压管两断面水压差（m）。

代入连续性方程：

$$v_1 \frac{\pi}{4} d_1^2 = v_2 \frac{\pi}{4} d_2^2$$

$$\frac{v_2}{v_1} = \left(\frac{d_1}{d_2}\right)^2$$

$$\frac{v_2^2}{v_1^2} = \frac{\frac{v_2^2}{2g}}{\frac{v_1^2}{2g}} = \left(\frac{d_1}{d_2}\right)^4$$

$$\frac{v_2^2}{v_1^2} = \frac{\frac{v_2^2}{2g}}{\frac{v_1^2}{2g}} = \left(\frac{d_1}{d_2}\right)^4$$

因此：

$$\left(\frac{d_1}{d_2}\right)^4 \frac{v_1^2}{2g} - \frac{v_1^2}{2g} = \Delta h$$

所以：

$$v_1 = \sqrt{\frac{2g\Delta h}{\left(\frac{d_1}{d_2}\right)^4 - 1}}$$

$$Q = v_1 \frac{\pi}{4} d_1^2 = \frac{\pi}{4} d_1^2 \sqrt{\frac{2g\Delta h}{\left(\frac{d_1}{d_2}\right)^4 - 1}}$$

$$K = \frac{\pi}{4} d_1^2 \sqrt{\frac{2g\Delta h}{\left(\frac{d_1}{d_2}\right)^4 - 1}}$$

$$Q = K\sqrt{\Delta h}$$

流量 Q 是基于理想流体模型，实际上，由于阻力的存在，通过的实际流量 $Q_{实际}$ 恒小于计算流量 $Q_{计算}$。现引入一无量纲数 μ，

$$\mu = \frac{Q_{实际}}{Q_{计算}}$$

μ 称为流量系数，对计算所得流量值进行校正，因此：

$$Q = \mu K \sqrt{\Delta h} \ , \ \mu = 0.95 \sim 0.98$$

二、仪器和装置

文丘里综合型实验装置见图 6-16。在文丘里流量计的两个测量断面上，分别有 4 个测压孔与相应的均压环连通，经均压环均压后的断面压强由气-水压差计 9 测量（亦可用电测仪测量）。

三、实验内容及操作步骤

1. 测记各有关常数

2. 打开电源开关，全关阀 12，检核测管液面读数 $h_1 - h_2 + h_3 - h_4$ 是否为 0，不为 0 时，需查出原因并予以排除；

3. 全开调节阀 12，检查各测管液面是否都处在滑尺读数范围内？否则，按下列步骤调节：拧开气阀 8 将清水注入 h_2、h_3，待 $h_2 = h_3 \approx 24$cm，打开电源开关充水，待连通管无气泡，渐关阀 12，并调调速器 3 至 $h_1 = h_4 \approx 28.5$cm，即速拧紧气阀 8。

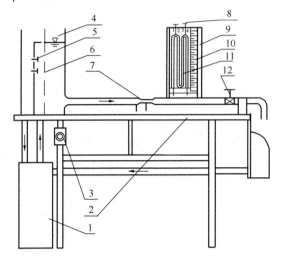

图 6-17　文丘里综合型实验装置

1. 自循环供水器；2. 实验台；3. 可控硅无级调速器；4. 恒压水箱；5. 溢流板；6. 稳水孔板；7. 文丘里实验管段；8. 测压计气阀；9. 气-水压差计；10. 滑尺；11. 多管压差计；12.　　　　　　实验流量调节阀

4. 全开调节阀门，待水流稳定后，读取各测压管的液面读数 h_1、h_2、h_3、h_4，并用秒表、量筒测定流量；

5. 逐次关小调节阀，改变流量，重复步骤 4，注意调节阀应缓慢；

6. 把测量值记录在实验表格内，并进行有关计算；

7. 如测管内液面波动时，应取均值；

8. 实验结束，需按步骤 2 校核压差计是否为 0。

四、结果与计算

1. 有关常数：

量水箱断面积　$A =$ 　　　　cm^2，管道直径 $d_1 =$ 　　　　cm，喉管直径 $d_2 =$ 　　　　cm

2. 数据记录表

水箱水温：　　　℃，运动黏性系数 $\nu =$ 　　　　cm^2/s

测次	$h_初$ (cm)	$h_末$ (cm)	V (cm³)	时间 t (s)	$Q_{实际}$ (cm³·s⁻¹)	h_1 (cm)	h_2 (cm)	h_3 (cm)	h_4 (cm)
1									
2									
3									
4									
5									
6									

五、注意事项

1. 实验结束，出水闸门全关时，测压管水面仍须齐平；
2. 每次调节出水闸门应缓慢，并同时注意测压管中液面高差的控制；
3. 如测压管内有液面跳动（紊流脉动），应一律读取平均值；
4. 本实验因 μ 值接近 1，故读数精度要求较高。

六、习题与思考题

1. 怎样选取文丘里管流量计的几何参数，才能作到使流量系数保持为常数？
2. μ 值可能大于 1 吗？
3. 影响 μ 取值的因素有哪些？

实验二　管道流量测量

通过本实验掌握电磁流量计、超声波流量计、涡轮流量计、文丘里流量计、转子流量计、称重法、弯管流量计等装置测流量的方法，了解其原理；用上述流量计测定管道同一瞬时通过的流量，并分析比较其精度；确定文丘里流量计、弯管流量计的系数，并与给定系数相比较，分析其不同之处。

一、基本原理

电磁流量计、超声波流量计、涡轮流量计、文丘里流量计、转子流量计、称重法、弯管流量计的基本原理见第五章第一节。

二、主要仪器

管道流量综合测定实验仪见图 6-18。

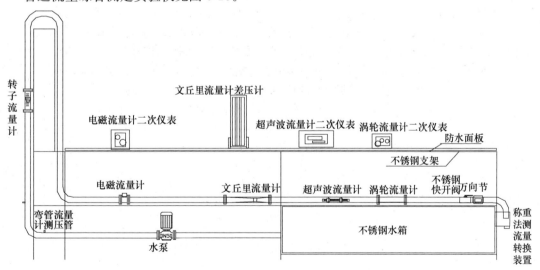

图 6-18　管道流量综合测定实验仪示意图

三、实验内容及操作步骤

1. 连接好各流量计的接线，并检查是否正确，在确认无误后，打开出水快开阀，接入电源，开启水泵，检查各流量计工作是否正常；
2. 记录相关常数；
3. 测记各流量计的流量，同时用称重法测流量；

4. 调节出水快开阀，再测记各流量计的流量，同时用称重法测流量；

5. 重复 3、4 步三至六次；

6. 关闭各流量计和水泵电源。

四、习题与思考题

1. 各流量计同一瞬时测得的流量一样吗？为什么？

2. 各流量计的优缺点是什么？如何选择使用？

3. 对于管道内是半管水流时，上述测流设备和方法还能用吗？为什么？

参 考 文 献

[1] 宋秋红．力学基础实验指导[M]．上海：同济大学出版社，2011

[2] 蔡增基，龙天渝，流体力学泵与风机[M].5 版．北京：中国建筑工业出版社，2009.

[3] 毛根海．应用流体力学实验[M]．北京：高等教育出版社，2008.

[4] 俞永辉，张桂兰．流体力学和水力学实验[M]．上海：同济大学出版社，2003

[5] 莫乃榕．工程流体力学实验[M]．武汉：华中科技大学出版社，2008

[6] 曹文华，李春兰，于达．流体力学实验指导书[M]．东营：中国石油大学出版社，2007

[7] 南京工学院．工程流体力学实验[M]．北京：电力工业出版社，1982.

[8] 刘翠容，工程流体力学实验指导与报告[M]．成都：西南交通大学出版社，2011.

[9] 高迅．工程流体力学实验[M]．成都：西南交通大学出版社，2004.

[10] 韩国军，流体力学基础与应用[M]．北京：机械工业出版社，2012

[11] 沈小熊．工程流体力学实验指导[M]．长沙：中南大学出版社，2008

[12] 归柯庭，汪军，王秋颖．工程流体力学[M]．北京：科学出版社，2003

[13] 奚斌．水力学(工程流体力学)实验教程[M]．北京：中国水利水电出版社，2013.

[14] 杨斌，李鲤．工程流体力学实验指导[M]．北京：中国石化出版社，2014.

[15] 吕玉坤，叶学民等．流体力学及泵与风机实验指导书[M]．北京：中国电力出版社，2008.

[16] 时连君，陈庆光等．流体力学实验教程[M]．北京：中国电力出版社，2014.

[17] 高永卫，孟宣市等．实验流体力学基础[M]．西安：西北工业大学出版社，2011.

[18] 吴凤林．力学实验(基础和流体力学部分)[M]．北京：北京大学出版社，1986.

[19] 颜大椿．实验流体力学[M]．北京：高等教育出版社，1992.

中国建材工业出版社
China Building Materials Press

我 们 提 供

图书出版　广告宣传　企业/个人定向出版　图文设计　编辑印刷　创意写作　会议培训　其他文化宣传

编 辑 部	010-88386119	邮箱　jccbs-zbs@163.com
出版咨询	010-68343948	网址　www.jccbs.com
市场销售	010-68001605	
门市销售	010-88386906	

发展出版传媒　　服务经济建设

传播科技进步　　满足社会需求